Mahmut
Makal

Unser Dorf in Anatolien

Übersetzung
Sanem Alacakaptan
unter Mitarbeit von
Ulrike Schlingmann

EXpress Edition

Titel der türkischen Originalausgabe:

BIZIM KÖY

Verlag und Vertrieb EXpress Edition GmbH
Postfach 11 02 63
Ritterstr. 60 b
1000 Berlin 61
Tel.: 030/251 11 36

Druck WB-Druck, Rieden

4. ergänzte deutsche Auflage, 1987
ISBN 3-88548-007-7

Mahmut Makal beschreibt in diesem Buch („Bizim köy", zuerst erschienen 1950 in Istanbul) seine Erfahrungen als junger Lehrer in dem mittelanatolischen Nurgöz im Gebiet von Aksaray. Selbst Sohn eines Bauern, hatte er an einem Dorfinstitut eine Lehrerausbildung absolviert und 1947 als Lehrer zu arbeiten begonnen. Über die extrem harten Lebensbedingungen der völlig verarmten Landbevölkerung in seinem Heimatdorf und dem Dorf, wo er arbeitete, empört, begann er seine Aufzeichnungen in der Hoffnung, damit eine Verbesserung der Verhältnisse zu bewirken. Er beschreibt sie als einen *Elendszirkel aus bitterer Armut, Unwissenheit und abergläubischer Religiosität.*

Mahmut Makal wurde nach der Veröffentlichung seines Berichts verhaftet, dennoch blieb das Buch nicht wirkungslos: es gab Anstoß zu Reformen des Dorfschulwesens. Für die hier vorliegende Ausgabe zieht er Bilanz auch dieser ‚Reformen', aufgrund eines Besuches 25 Jahre später. Außerdem berichtet er über die Dorfinstitute und setzt sich kritisch mit den Ausbildungsinstituten auseinander, die heute das Dorfinstitut ersetzt haben.

Mahmut Makal lebt seit Oktober 1980 in Berlin (West), wo er als Lehrer arbeitet.

Ulrike Schlingmann

Mahmut Makal und sein Vater 1943

Unser Dorf in Anatolien

Wintersorgen

Der Osten Anatoliens ist verrufen. Unser Ort liegt im Zentrum Anatoliens. Ich betrachte unser Land hier und frage mich, ob die im Osten es noch schlechter haben können. Die Zustände sind haarsträubend. Wie soll man den Winter überstehen, wenn man kein bewohnbares Haus hat, wenn es einem an Kleidung, die einen vor Kälte schützt, an Nahrung, die einen satt macht, an Brennmaterial fehlt?

Von alledem findet sich bei uns keine Spur. Alle fünf oder zehn Jahre läßt man sich einen neuen Anzug machen – oder auch nicht. Und wenn der Anzug da ist, dann ist er von der schlechtesten Qualität, so daß er nicht einmal an heißen Tagen nützt. Jacken trägt man nicht, sondern gewöhnlich nur Weste und Hose. Manche älteren Männer haben alte Soldatenjacken eingefärbt und sich zurechtgeschneidert. Außer dieser Jacke tragen sie eine mindestens zehn Jahre alte Hose oder manchmal nur ein Hemd und eine Unterhose. Sonst nichts. Die meisten haben Holzpantoffeln an den Füßen. Nur sehr wenige tragen Schuhe. Die Männer tragen im Sommer babuschen (spitzer, absatzloser Lederpantoffel), im Winter Holzschuhe; die wenigsten ziehen Strümpfe an. Im Winter gibt es ohnehin fast nichts zu tun, als vom Haus zum Gemeindelokal und von dort wieder nach Hause zu gehen. Da ist es besser, in Holzpantoffeln als in Schuhen daherzuschlurfen. Die Frauen ertragen die Kälte besser, obwohl sie ganz erbärmlich angezogen sind. Ihre Arbeit ist es, das Vieh zu tränken, Wasser nach Hause zu schleppen und derartiges mehr, während die Männer den ganzen Winter hindurch vor lauter Nichtstun in der Kälte zittern. Die meisten haben eine geflickte Unterhose und sonst nicht an den Beinen.

Sagt den Bauern, es sei Wahnsinn, den Mist zu verfeuern. Sie sollten ihn lieber aufs Feld bringen. Schreibt wissenschaftliche Aufsätze über dieses Thema. Nun, meine Herren, könnten wir nur genügend Mist zum Verbrennen finden, wir würden ihn „küssen und uns aufs Haupt legen“. Und übrigens – was soll denn der Bauer verbrennen, wenn nicht Mist? Vielleicht seine Balken? Fragen Sie doch einmal, ob und wie viele Dörfer Holz und Kohle zu sehen bekommen haben? Oft sind mitten im Winter die Kuhfladen und das Stroh alle. Dann ist der Bauer verloren. Dieses Jahr ist das geschehen.

Über uns ist ein Winter hereingebrochen, wie man ihn seinem ärgsten Feind nicht wünschen möchte. Und während wir auf den Frühling warteten und auf wärmere Tage hofften, wurde es immer schlimmer. Der eisige Wind, der oft wie ein Orkan daherbrauste, wollte nicht aufhören. In diesem Dorf ist der Herd die einzige Heizmöglichkeit. Man versammelt sich rund um ihn und läßt sich vom Ruß schwärzen. Vorne wird einem heiß und hinten friert man entsetzlich. Kurz, das alte Sprichwort: „Der März macht, daß man zur Tür hinausschaut, und zwingt einen, Hacke und Schaufel zu verbrennen", hat sich diesmal so richtig bewahrheitet.

Vor mir ging ein kleines Mädchen, das Haar voll von Strohhalmen. Ich schaute fragend zum Gefreiten Remzi hinüber. Der mißverstand meinen Blick und meinte: „Efendi, das hier heißt „Bauerngold". Hätten wir doch recht viel davon, um es zu verbrennen!"

Er hatte recht. Hätten wir doch recht viel davon! Das Stroh ging aus, es gab keine Kuhfladen mehr, und in den meisten Häusern hatte man auch schon die letzten Mehlsäcke ausgeklopft. Das Vieh brachte sich so recht und schlecht durch, aber es bestand fast nur noch aus Haut und Knochen. Wer keinen Mist mehr hatte, dessen Herd blieb kalt. Die Kinder konnten nicht mehr aus ihren Decken herauskriechen. Mit den fünfzig bis sechzig Schülern, die den Unterricht besuchten, brachten wir uns bis zum Februar durch: manchmal konnten wir uns wärmen, meistens zitterten wir vor Kälte. Als jedoch der Februar mit Eis und Frost über uns hereinbrach, war es mit uns vorbei. Unter all den Schülern gab es nur noch ein oder zwei, die noch einige Kuhfladen hatten (das waren die Kinder der

Ağas, die mehr als zwei Ochsen besaßen). Wenn ich von ihnen verlangt hätte, jeden Tag ein oder zwei Fladen mitzubringen, so wären die Eltern sehr wahrscheinlich nicht einverstanden gewesen. Und wenn, dann hätten sie nach wenigen Tagen selbst nichts mehr gehabt.

Wenn ich deshalb etwa sage: „Morgen werden wir sterben", sagt keines ein Wort. Sie senken ihre kleinen Köpfe, als wollten sie antworten: „Was können wir tun? Wir sind ganz außerstande zu helfen." Ich weiß bestimmt, daß sie alles opfern würden, wenn es in ihrer Macht stünde, aber wenn es nicht Gottes Wille ist. . . Ja, was sollen sie tun? Aber ich, der ich allein gegen die grausame Macht des Winters kämpfen muß, was soll *ich* tun? Ich weiß nicht, was sie an meiner Stelle machen würden, ich habe es so gemacht. Ich habe mir gedacht: „Auch das ist ein Krieg, ein Kampf. Überlebe ich, so bin ich ein Held, ein Sieger. Sterbe ich aber, dann bin ich den Heldentod gestorben." Und bei diesen Überlegungen überkommt mich Freude, Hoffnung und Mut. Manchmal, wenn ich mich allzu hilflos fühlte, ging ich in das Gemeindezimmer, und dort zitterten wir dann alle gemeinsam. Mein Gesicht und meine Hände sind blau vor Kälte; meine Knie tragen mich kaum noch. Jeden Abend wickle ich mich beim Schlafengehen mit allem Möglichen gut ein. Aber was immer ich auch auf mir habe – nichts kann die Kälte abwehren. Bei Tag geht es noch irgendwie. Beim Herumlaufen, oder wenn man mit etwas beschäftigt ist, hat man nicht viel Zeit zum Frieren. Doch wenn die Nacht kommt, dann gnade einem Gott! Die Kälte dringt einem bis ins Mark. Manchmal zimmere ich mir eine Philosophie zurecht: Ich habe mich an alle diese Heimsuchungen Gottes gewöhnt. Keine Plage kann mir mehr etwas anhaben. Ich bin gegen alles gefeit. Wenn ich mich durch diesen Gedanken gewärmt habe, dann fürchte ich nicht mehr um meinen Leib.

Während all dieser Zeit hat mein Schnupfen nicht einen Augenblick aufgehört. Ich hatte den Eindruck, als wäre ich verschnupft zur Welt gekommen. Die Erkältung hat mich ein paarmal kleingekriegt. Ich beiße die Zähne zusammen, um die Moral nicht zu verlieren. Ich habe herausgefunden, daß „Hoffnung" etwas nützen kann. Hätte ich mich nicht am Feuer der Hoffnung gewärmt, dann hätte ich mich in jener kalten Zeit keinen einzigen Tag auf den Beinen halten können. In der bittersten Kälte im Februar und im März haben wir in unserem Ofen nicht mehr als nur zwanzig Kuhfladen verbrannt. Und diese verschafften wir uns von den Ağas, um damit Essen zu kochen. Zum Anzünden dieser Fladen verbrauchten wir sämtliche Hefte und Bücher... Der Bauer facht gewöhnlich sein Herdfeuer durch Blasen an. Auch wir gebrauchten dieselbe Methode, wenn wir keine Streichhölzer fanden. Zeitungspapier hat immerhin den Vorteil, daß es das Feuer schnell auflodern läßt. Doch selbst wenn der Ofen ein oder zwei Stunden gebrannt hat, merkt man kaum einen Unterschied zwischen Drinnen und Draußen. Manchmal ist es draußen sogar wärmer als drinnen. An jenen Tagen, wo die Kinder es aushalten konnten und wir den Unterricht fortführten, erwarteten wir sehnsüchtig die Pause, um hinausgehen zu können. Waren unsere Münder und Gesichter so erfroren, daß wir nicht einmal sprechen konnten, tobten wir draußen herum und erwärmten uns.

Auf diese Weise brachten wir uns bis zum April durch, etwa so wie Eidechsen, die eben aus der Erde geschlüpft sind und denen man es nicht ansehen kann, ob sie nun leben oder sich totstellen.

Was die übrige Bevölkerung betrifft: Gott hat den Winter gegeben und hat gesagt: „Findet selber das Nötige, um ihn zu überstehen." Wenn man es nicht finden kann, muß man eben sein Schicksal ertragen. „Wer sein Schiffchen retten kann, besteigt das Ufer. Wer es nicht retten kann, der geht unter." So ist es auch gekommen. Die Alten haben mit verhältnismäßig geringem Schaden diesen Winter überstanden. Aber die Kinder! Die Kinder haben daran glauben müssen. Von den Neugeborenen bis zu den Einjährigen hat kein einziges überlebt. Erbarmungslose Kinderkrankheiten – die Kälte war eine willkommene Gelegenheit für sie – hatten alle diese Kleinkinder hinweggerafft. Aber fragen Sie doch einmal den Bauern, ob es die Kälte war, die sie fortgenommen hat, oder Allahs Wille!

Ein Kamerad von mir, der aus unserem Dorf stammt, ist in unserem Bezirk kaymakam (Gesundheitskommissar) für dreizehn Dörfer. Man kann ihn als Mann, der Zusammenhänge sieht, bezeichnen. Manchmal besucht er mich, und wir plaudern. Gemeinsam haben wir dem Arzt im Regierungsamt einen Bericht geschrieben: „Man sagte uns, wir sollen berichten, wenn in den Dörfern eine Krankheit ausbricht." Und wir haben berichtet. Als unser Bericht dort ankam, war der Arzt abwesend. Der Pförtner sagte zum Bauern, der das Schreiben hingebracht hatte: „Komm morgen." Aber der Bauer hatte alles erledigt, was er in der Stadt zu tun gehabt hatte, wollte nicht mehr warten und kehrte ins Dorf zurück. Es geht ohnehin irgend jemand einmal im Monat oder auch einmal im Jahr in die Stadt. Rund fünfunddreißig Tage später schrieben wir zum zweiten Mal und sprachen unser Bedauern über die Teilnahmslosigkeit aus, mit der man unserem Bericht begegnete. Diesmal kam eine Antwort: Der Winter ist zu streng. Selbst wenn wir einen Lastwagen fänden, könnte er nicht vorwärtskommen. Und selbst wenn wir das könnten, wäre da nichts zu machen. Die Eltern sollen die Kinder warmhalten, sie im Bett liegen lassen, ihnen hustenstillende Mittel geben. Man sollte die Kinder schwitzen lassen, ihnen warme Tücher auf die Brust legen, sie mit guter Nahrung und Milch ernähren. „Wir senden Ihnen zwei Broschüren. Lesen Sie diese den Leuten vor. Wenn sie sich an die dort aufgeführten Vorschriften halten, wird sich die Sterblichkeit einigermaßen einschränken lassen." So stand es wörtlich auf dem blauen Papier. Dem waren zwei Broschüren beigegeben, die die Titel „Wasserhygiene" und „Masern" hatten. Diese Broschüren waren vom Gesundheitsministerium herausgegeben worden. Ich gab sie den Kindern und die haben sie gelesen. Und ich habe extra noch erläutert: „Man gebe ins Wasser Kaliumpermanganat und Hydrosulfat in einem Verhältnis von je sechs Hundertstel Gramm pro Liter." Vielleicht sind diese Dinge für Stadtleute nicht teuer, aber wie sollen wir sie hier im Dorf beschaffen? Ich habe das alles im Unterricht erklärt, und mein Freund, der kaymakam, hat es den Leuten im Gemeindezimmer mitgeteilt.

Aber man begegnete ihm mit Widerspruch:
„Das ist ja unvernünftig, das ist zum Lachen. Als könnte der Arzt der weisen Fügung Allahs widerstehen! Gott gibt und Gott nimmt auch wieder. Ihm sei Dank für unser heutiges Dasein. Wir sind zwar am Leben geblieben, aber wozu hat uns das genützt? Wir schimpfen und fluchen bis zum Abend, und dadurch sündigen wir. Wenigstens gehen diese Kleinen unschuldig ins Paradies ein."

Zusammen mit dem Kommissar schrieben wir die Sterbeurkunden der Toten aus und schickten sie ab. Unser Dorf besteht aus hundertdreißig Häusern. Im Vergleich zu den Monaten Januar und März ist die Zahl der Todesfälle im Februar viel höher. Allein in diesem Monat setzten wir vierunddreißig Kinder, die nicht einmal ein Jahr alt geworden sind, auf die Liste. (Die im Juli an Dysenterie gestorben sind, gehören zu einer anderen Rechnung.) Von diesen starben vier am selben Tag und zur selben Stunde und wurden zusammen begraben. Im Arbeitsgebiet meines Freundes ist unser Dorf das größte. Es gibt Dörfer, die aus fünfzehn oder dreißig Häusern bestehen. Aus diesen dreißig Dörfern setzte mein Freund die Namen von mehr als 120 Kindern auf die Liste der Verstorbenen.

Der heilige Kuhmist

Rümpft nicht die Nase und sagt: stinkender Kuhmist! Wenn die Schäfer am Morgen das Vieh sammeln und zur Weide führen, und auch wenn sie es am Abend wieder ins Dorf treiben, strömen alle Frauen und Mädchen auf die Straße, um den Mist zu sammeln, der auf der Straße liegt. Sie verwenden Blechkanister, Körbe oder andere Gefäße. Manche sammeln die

Beute in ihren Röcken. Sie rennen hinter den Herden her und tauchen im aufgewirbelten Staub und Schmutz unter.

Jede will der anderen zuvorkommen. Wenn sie sich über einen Fladen nicht einigen können, geraten sie einander in die Haare und werfen sich Mist ins Gesicht.

Der heimgebrachte Mist wird geknetet und an die Mauer geklebt. Wenn er dort getrocknet ist, wird er abgenommen und im Hausinnern aufbewahrt. Neue Fladen werden an die Mauer geklebt.

Im Sommer ist es beschwerlich, in den Dorfstraßen spazierenzugehen. Abgesehen vom Gestank der Kuhfladen, sammeln sich dort Stechmücken und andere Insekten, die einem in Mund und Nase fliegen. Die Töpfe und Gefäße, die man aus diesen Kuhfladen herstellt, werden anderswo – außerhalb der Reichweite der Hühner – getrocknet.

Eines Abends kam ich von Menclis zurück. Ich hatte dort die Bohnen begossen. Es war gerade um die Zeit, zu der das Vieh wieder zurück ins Dorf getrieben wurde. Die Frauen sammelten den Mist ein, der hinter den Kühen herunterfiel und schimpften und fluchten aufeinander. Da gibt es eine weißhaarige Frau, die Frau von Kul Hassan. Sie hatte die Ärmel hochgekrempelt und trug einen großen Mistklumpen auf den Armen. Ich rief ihr im Spaß zu: „Was ist denn das für ein Aufzug, Mütterchen Mıcırlı?"

Sie konnte mich vor lauter Staub nicht sehen, aber sie erkannte mich an der Stimme. Schon durch die vorhergehenden Streitigkeiten verstimmt, war sie jetzt empfindlich. Sie glaubte, ich wolle sie verspotten, und schrie wütend: „Scher dich fort und zwinge mich nicht, noch abends zu fluchen. Es ist jetzt kein Moment für Späße. . . Du kannst ja gut aufgelegt sein, dein Salz liegt ja im Trockenen. Denn: die Bauern arbeiten und die Gelehrten essen. Wenn du an unserer Stelle wärest, würdest du auch sammeln, Arme voll!" Sie so aufgebracht zu sehen, tat mir von Herzen leid. Meine Worte hatten sie tief getroffen.

Streichhölzer

Der Bauer braucht kaum Streichhölzer. Wenn er ein brennendes Stück Kuhfladen in die Herdasche einscharrt, findet er zwölf, manchmal sogar vierundzwanzig Stunden später noch ein glimmendes Stück. Und wenn es auch bei ihm ausgehen sollte, so ist es beim Nachbarn bestimmt noch nicht erloschen. Wenn die Zeit kommt, wo man den Herd anzünden muß, nimmt man einen getrockneten Kuhfladen in die Hand, legt das glimmende Stück des Nachbarn drauf, darüber schüttet man Strohhäcksel und bläst, bis die Fladen im Herd zu brennen beginnen.

Aber es gibt Zeiten, wo man Streichhölzer braucht: Plötzlich geschieht etwas mitten in der Nacht. Zum Beispiel: aus dem Stall kommt Lärm. Manchmal verfängt sich eines der Tiere im Strick, oder Kühe oder Schafe, wenn es sie gibt, werfen.

Kann man dann die Geduld haben, minutenlang zu blasen, um das Licht anzuzünden? Für solche unvorhergesehenen Fälle – nur für sie – pflegt man Streichhölzer im Haus aufzubewahren. Solange aber kein solcher Fall eintritt, bleibt das Streichholz in seiner Schachtel, und man hantiert weiter mit Kienspänen.

In diesem Jahr haben uns die schlechten Monopolstreichhölzer viel zu schaffen gemacht: mit einer ganzen Schachtel konnte man kaum eine Zigarette anzünden. Mir selbst hat es weniger ausgemacht, weil ich keine nächtlichen Arbeiten, wie etwa im Stall, habe. Die Bauern aber haben sehr darunter gelitten. Die Streichhölzer waren im Nu verbraucht. In der Schule hatte ich keinen Erfolg damit, im Ofen das Feuer unter der Asche zu vergraben und es auf diese Weise zu erhalten.

Wenn wir den Ofen anzünden wollten, ging einer der Schüler zum Nachbarn und brachte etwas Glut auf der Schaufel; damit zündeten wir den Ofen an. So halfen wir uns durch. Abends, wenn noch Feuer im Ofen war, zündeten wir die Lampe damit an. Wenn es kein Feuer mehr gab, dann half wieder der glimmende Kuhfladen aus dem Nachbarhaus.

Die Nahrung

Stellen Sie sich nur nicht verschiedene Lebensmittel und Speisen vor: Frisch gebackenes Brot vom Bäcker, alle möglichen Nahrungsmittel aus dem Laden, Gemüse und Obst vom Gemüsehändler. . . Das alles in Körbe füllen und nach Hause tragen – das gibt es bei uns einfach nicht. Was man im Herbst zusammenzuscharren vermochte, das verstaut man in einer Ecke der armseligen Behausung und hält damit bis zum Frühling durch.

Ebenso stagnierend, flau, phantasie- und abwechslungslos, genauso einfach und eingeschränkt wie unser Leben ist, so ist auch unsere Ernährungsweise. Die primitivste Nahrung – der Reis – ist bei uns ein Luxus. Wenn ich einmal in hundert Jahren danach verlange, dann muß ich endlos danach suchen.

Ein Quacksalber hatte einmal einer Frau verschrieben, sie solle trockene Teeblätter mit Zucker zerstoßen und ihrem kranken Kind eingeben. Nachdem sie überall erfolglos danach gesucht hatte, kam sie schließlich zu mir. Ich gab ihr den Rest meines Pfundes Zucker (der Zucker war damals rationiert), kratzte den Boden meiner Teebüchse aus und gab ihr das alles. Ich glaube, daß mir diese gute Frau meine „Wohltat" sogar im Jenseits nicht vergessen wird. Dem Kind hat dieser Tee geholfen. Wenn die Frau mich sieht, weiß sie nicht, wie sie sich anstellen, wieviel Segen sie auf mein Haupt herabwünschen soll. Und was sie mir nicht alles verspricht! Aber es ist nicht ihre Schuld, wenn sie es nicht halten kann. Ihr Herz ist großzügig, das ist die Hauptsache, darauf muß man schauen. . .

Da wir nun bei diesem Kapitel sind, möchte ich hier etwas einfügen: In unserem Lehrbuch gibt es einen Satz: „Vater, kauf mir Honig." Nachdem ich diesen Satz vorgelesen hatte, befragte ich die Schüler. Von sechsundfünfzig Kindern wußte nur ein einziges, was Honig ist. Und dieses Kind hatte ihn bloß gesehen, als es in einem anderen Dorf zu Besuch war.

Ich wurde mit Fragen überfallen, ob der Honig dem Pferd, dem Schaf oder der Kuh ähnlich sehe.

In unserem Dorf wird auch Gemüse angebaut. Im Mai wird es gepflanzt, im August reift es, und während man noch überlegt, ob es nun die ersten oder schon die letzten Früchte sind, hat im Oktober bereits alles aufgehört. Es sind vor allem Kürbisse und Mohrrüben. In diesen Monaten sind Kürbis- und Mohrrübengerichte mittags und abends in allen Familien das tägliche Essen. Das Hauptnahrungsmittel, den bulgur (gekochter und getrockneter Weizenschrot), gibt es nämlich im Sommer nicht. Er ist im Winter Hauptnahrungsmittel und wird nach der Ernte in ziemlich großen Mengen gekocht. Bis zum Frühling reicht er aber kaum. In den meisten Häusern gibt es noch nicht einmal Brot: man muß drei Monate warten, bis die Saat gedeiht. Wenn sie nichts anderes zu tun haben, gehen Frauen und Mädchen Kräuter sammeln, kochen sie, und das ist dann das Mittag- und Abendessen. Die Hauptsache ist, in jedem Haus kocht und dampft ein Kessel, aber kocht nicht unser Elend darin? Man kann die Folgen auf allen Gesichtern sehen: sie werden immer schmaler, die Sorgen immer größer. Man kann zwar außer dem bulgur auch noch Bohnen und Kartoffeln finden. Und jene, die einen Weingarten haben, besitzen auch etwas pekmez (eingedickter Traubensaft), aber meistens zwingt die Not sie dazu, es zu verkaufen. Insgesamt sind es jedoch nicht mehr als fünf bis zehn Familien, die sich diesen Luxus leisten können. Die meisten ernähren sich den ganzen Tag über von trockenem Brot oder essen dazu eine oder zwei Zwiebeln. Manche haben sogar nicht einmal bulgur. Dann heißt es: Beiß deine Zähne zusammen und gib deine Seele nicht her. Eine Frau namens Fatoş lebt mit ihren Kindern in einem Haus, das aus einem einzigen Raum besteht. Von dem Augenblick an, wo im Herbst nichts mehr wächst, bekommt diese Familie bis zum Frühling nichts anderes zu essen als trockenes Brot. Sie müssen bis zum Frühling warten, daß es wieder zu grünen beginnt. Im Hause befindet sich kein einziges Möbelstück. Alles, was sie besitzen, ist eine alte Strohmatte und ein alter Mehlsack. Fatoş und ihre Kinder wickeln sich in alte Fetzen ein und schlafen auf der Strohmatte. Da es wenig fetterzeugendes Vieh wie Schafe gibt, können kaum fünf bis zehn Familien den bulgur-pılâv mit Fett essen. Und auch das nur so, daß gerade ein Geruch von Fett daran ist. Die anderen kochen ihn einfach in Wasser auf. Wenn man davon zu sprechen beginnt, hat die Rederei kein Ende; dabei weicht das Blut aus unseren Wangen und die Augen verlieren ihren Glanz.

Handel

Der Bauer scheut auch nicht die Mühe von zehn Tagen, um zehn Kuruş (kleinste türkische Währungseinheit) zu verdienen. Für diesen Gewinn nimmt er bereitwillig den weitesten Weg auf sich. Wenn er glaubt, er könne noch etwas mehr verdienen, zögert er nicht, selbst einige Distrikte zu durchreisen. Ein altes türkisches Sprichwort sagt: „Der Klang der Trommel klingt von weitem angenehm." Auch für ihn gilt das. Um zwei Körbe Trauben zu verkaufen, kommen die Leute weit von Nevşehir bis hierher in die Gegend. Und aus unserem Dorf gehen Leute bis nach Nevşehir, um ein Maß Getreide gegen Trauben einzutauschen. Außer in solchen Fällen, wo es notwendig ist, denkt der Bauer nicht daran, Handel zu treiben. Aber dann und wann fällt es einem ein, einige Eier und Hühner zu sammeln und sie zur Kreisstadt zu tragen. Dabei verdienen sie auch einige Kuruş. Was besitzt denn der Bauer sonst, womit er Handel treiben könnte? Zwei unserer Bauern, die Geschmack am Handel gefunden hatten, sammelten etwas Kapital und fingen ein etwas größeres Unternehmen an.

Der Gefreite Hüsein Ağas, Bruder des Gani Çavus, und Tat Musa hatten hundert Truthähne gesammelt. Sie überlegten sich, wo sie sie mit größtem Gewinn verkaufen können. „Nach Ankara, Bruder!“ hieß es. Hatten sie schließlich nicht gehört, daß man dort alles zu Irrsinnspreisen verkauft?

Sie zogen los und trieben die Truthähne vor sich her. Der Mais und das Futter wurden auf den Esel geladen. Sie heuerten auch einen Schäferknaben an und versprachen ihm, er werde am Gewinn teilhaben. Einer ging voraus und streute Futter, die beiden anderen kamen hinterher, hielten die Herde zusammen und trieben sie vorwärts. Und so machten sie sich auf den Weg.

Aber wo liegt Ankara? Und wo unser Dorf? Sie gingen über Stock und Stein und kamen nach 55 Tagen ausgelaugt und niedergedrückt zurück. Sie hatten nichts, nicht einmal mehr ihren Esel. Sie erzählten:

„Die Truthähne wurden immer magerer und konnten zuletzt nicht mehr laufen. Şaban, der Hirtenknabe, tötete von Zeit zu Zeit fünf oder sechs davon, je nachdem, wie es ihm einfiel. Wir haben sie schön gekocht und aufgegessen. Wie schade, daß wir sie nicht alle unterwegs aufgegessen haben. Dann kommt Şaban daher und mault: ‚Meine Mühe ist umsonst gewesen!‘ Hätten wir doch nur unsere Mühe zu beklagen! Aber auch die Hälfte unseres Geldes ist damit schon verloren.“ (Offensichtlich hatten sie vereinbart, daß der Hirte, wenn sie einen Gewinn hätten, seinen Teil erhält. Wenn aber kein Gewinn wäre, dann bekäme er nichts.)

Şaban mischte sich ein: „Das ist alles erlogen. Bei Koçaserin hat er selber einen umgebracht, der gerade einging. Bei Ömerhacili sind uns in der Nacht acht Stück gestohlen worden. Ein Truthahn wurde uns von einem Kerl weggenommen, der sagte: „Ich habe eine Henne; gebt mir einen Hahn.“ Er hat auch nichts dafür gezahlt. Die Tiere hatten ohnehin vom vielen Laufen keine Seele mehr im Leib. Fünfzig Tage Fußmarsch, das ist schließlich kein Spaß! In Ankara hat man sie nicht einmal angeschaut. Was mir geschehen ist, ist mir nun eben geschehen. Ich muß mich ohne jeden Gewinn damit abfinden."

„Ich wollte den Kerl, der uns den einen Truthahn genommen hatte, bei unserem Abgeordneten verklagen, aber dann ließ ich es bleiben. ‚Warte', habe ich gesagt, ‚jetzt gehe ich zu unserem Abgeordneten, dem Herrn Urseyin, und klage dich an. Der wird es dir schon zeigen!' Er hat richtig Angst bekommen, wie ich das gesagt habe, nicht wahr, Şaban? Am schlimmsten waren wir dran, als wir in die Vororte von Ankara gekommen sind. Wenn ich nicht jenen Lastwagen gefunden und gepachtet hätte, dann hätten wir auch nicht dieses bißchen Geld herausbekommen. Sie wären alle zusammen eingegangen, und wir hätten das Nachsehen gehabt. Zum Teufel, ich habe geglaubt, daß diese gâvur (Schimpfwort für Ungläubige) einen langen Weg aushalten können. Neun sind krepiert, und wir haben sie weggeworfen. Acht haben wir aufgegessen. Einen hat sich der Kerl genommen. Den Rest haben wir unter Preis verkauft und haben uns dann davongemacht. Die Mühen, die wir fünfzig Tage lang damit gehabt haben, rechnen wir gar nicht ein."

Eine Redensart berichtet von einer ähnlichen Rechnung, die ein Schäfer macht: „Der Himmel hat gepoltert, und zweiundsiebzig Tieren ist vor Schreck die Galle geplatzt."

Seither gibt es in unserem Dorf ein neues Gleichnis für Mißerfolge: Truthähne nach Ankara verkaufen gehen wie Tat Musa und Goca Hüsin.

Grenzstreitigkeiten

Eines Tages kam ich in die Stube des muhtar (gewählter Dorfältester). Alle Anwesenden standen. Offensichtlich legte einer einen Eid ab. Als der Schwur zu Ende war, nahmen wir Platz. Ein anderer kam herein, wir standen wieder alle auf. Selbstverständlich auch ich. Der Angekommene leistete ebenfalls einen Eid. Danach kam noch einer... Es scheint, daß heute das ganze Dorf schwört. Çavuş Veli hält den Koran und wiederholt jedem dieselben Worte. Schließlich beginne ich die ganze Angelegenheit zu begreifen. Ich dachte zuerst, daß man nur von jenen einen Eid forderte, deren man sich nicht sicher war; ich sehe aber, daß alle schwören müssen. Zwei Nachtwächter wurden mobilisiert; sie klopften an jedes Haus und riefen die Leute herbei. Jeder Neuankömmling legte seinen Eid ab und ging dann wieder. Veli Çavuş wiederholt dieselben Worte so oft, bis ich sie auswendig kann:

„Schau, Bruder, seit zehn Jahren hängt uns die Seele schon zum Hals heraus: wir lassen Sachverständige kommen, zahlen Reisekosten, gehen zu Gericht. Wir haben kein anderes Mittel mehr, um die Angelegenheit von Susuz (um dieses Stück Land wird gestritten) zu bereinigen. Wenn du wissen willst, was wir beschlossen haben: wir haben die Dorfbewohner in Einheiten geteilt. Jede Einheit bekommt einen Anführer, einen von den Mutigsten und Geschicktesten. Und diese sorgen dafür, daß ihre Einheiten gut bewaffnet und mit dem Nötigsten versorgt werden. Heute ist Freitag. Am Montag werden die Bauern von Çim nach Susuz kommen, alle miteinander, und werden den Boden pflügen. Wir gehen auch dorthin, um zu pflügen. Dann wird die Entscheidung fallen. Leisten sie Widerstand, dann schießen wir. Wer eben den anderen unterkriegen kann! Wir werden auf uns nehmen, was uns beschieden ist.

Schwörst du, daß du, wenn wir in Susuz ankommen und die Sache schiefgeht, deine Dorfgenossen nicht im Stich läßt und davonläufst? Schwörst du auf deinen Glauben?"

Der Angesprochene verspricht mit dröhnender Stimme, daß er tun wird, was man von ihm fordert. Zum Schwur legt er die Hand auf den Koran. Dann setzen wir uns wieder hin, bis der hinausgeht und ein anderer hereinkommt.

Die ständige Wiederholung der gleichen Worte langweilt mich schrecklich; schließlich wissen die Leute genau, worum es sich handelt, und warum sie schwören müssen. Die anderen aber sind jedesmal von neuem Feuer und Flamme.
Diejenigen, die diese Worte entschlossen aufnahmen, gewannen das Wohlwollen der Ağas (Herr, Vorgesetzter, älterer Bruder. Diese Bezeichnung gilt für die reichen Dorfbewohner – A. d.Ü.), die in der Stube saßen. Es gibt einige, die zögern: sie werden beschimpft und hernach trotzdem zum Schwur gezwungen. Diese Unwissenheit, die die Menschen um des geringsten Vorteils willen mit den zehn Kilometer entfernt lebenden Nachbarn in Feindschaft leben läßt, ist ein Unglück! Und ein Unglück sind diese verwickelten Streitigkeiten um Grund und Boden, die in Anatolien schon seit undenklichen Zeiten keine Lösung finden!

Der Speicher

Es gibt Häuser, die einen Speicher im Inneren des Hauses haben. Aber bei den meisten reichen die Mittel dazu nicht aus, sich einen anzulegen. Also befindet sich der Speicher meistens vor dem Haus, auf offener Straße. Er besteht aus einer zwei Meter tiefen und zwei Meter breiten Grube. Ich nenne diese Gruben „Brunnen", aber die anderen bezeichnen sie als „Speicher". Nach dem Dreschen werden Weizen, Gerste und Roggen eingeteilt. Was für den Verkauf bestimmt ist, wird verkauft, was zu Mehl gemahlen werden soll, wird gemahlen, und der Rest (sehr wenig) wird als Saatgut für den Frühling im Speicher gelagert. Es kann aber auch geschehen, daß diese Reserve in Notzeiten verkauft wird. In manchen Dörfern sind diese als Speicher dienenden Brunnen mit Mörtel verputzt. In unserem Dorf sind es einfache Erdlöcher. Zuunterst und zuoberst wird Stroh gelegt, die Oberfläche wird mit festgestampfter Erde bedeckt, bis sie Bodenniveau erreicht hat. Selbstverständlich vermengen sich die Körner mit der Erde. Vor dem Gebrauch muß man sie mehrmals sieben und waschen.

Während der winterlichen Regengüsse steht jeder bei seiner Grube, um sie vor dem Regen zu schützen. Den Kopf mit einem Fetzen bedeckt, in der Hand eine Schaufel – so bewacht jedermann den ganzen Winter hindurch seinen Speicher. Jedesmal, wenn er kommt oder geht, jedesmal, wenn er daran denkt (und woran sollte er denn sonst denken?) kontrolliert der Bauer seinen Schatz. Er gräbt Kanäle, die das Wasser von der Grube fortleiten. Er versucht, den Speicher wie eine Insel zu isolieren. Das Wasser sickert bei den meisten Speichern trotzdem durch, und die Reserven sind verdorben. Manchmal kommt es auch vor, daß die Dorfjungen diese Gruben plündern, um Spielschulden oder Schulden beim Dorfkrämer zurückzuzahlen. Da es aber in jedem Haus mindestens einen Hund gibt, sind diese Diebstähle nicht häufig. Es ist ohnehin gleichgültig, ob nun ein Hund da ist oder nicht: der Bauer schläft immer nur auf einem Ohr. . .

Eines Tages regnete es in Strömen. Jeder war wieder bei seinem Speicher auf Posten. Mir fiel ein, daß ich ins Gemeindelokal gehen wollte. Zu beiden Seiten der Straße bemühten sich die Leute um die Speicher; sie waren völlig fertig und außer sich. In solchen Momenten braucht man nur ein falsches Wort zu sagen, und schon fluchen oder schlagen sie.

Der Brunnen des Sadik Ağa hatte Wasser gezogen und die ganze Familie war dabei, zu retten, was zu retten war. Sie wateten barfuß durch den Regen und versuchten, den Inhalt des Speichers in das Haus zu schleppen. Die regennasse Mischung aus Stroh, Erde und Getreide war eine mörtelähnliche Masse.

Sadik Ağas sagte: „Der Brunnen hat ziemlich viel Wasser gezogen. Wenn es schon verfaulen muß, dann soll es drinnen verfaulen. Es ist ein schwerer Schlag für unser ganzes Haus, die ganze Familie ist davon betroffen."

Beim Haus von Hüssein Ağas herrscht dieselbe Aufregung. Unter strömendem Regen ziehen einige Familienmitglieder das

Getreide aus dem Speicher, die anderen schleppen es ins Trokkene. Seine Grube aber war nicht voll Wasser, sondern sein Nachbar Deli Çopur (= verrückter Çopur) hatte erklärt, er wolle an dieser Stelle eine Aschengrube machen. Sie waren sich deswegen in die Haare geraten, und deshalb mußte Hüssein Aga nun den Brunnen leeren.

„Hüssein Ağa„ ist der Schaden groß?" frage ich ihn.
„Wäre doch bloß das Wasser durchgesickert und alles hier verfault! Mir wäre das bei weitem lieber! Sieh dir das nur an! Sieh dir den Zustand der Kinder an! Er hat uns und auch diese Gottesgabe zugrunde gerichtet. Wenn du es schon wissen willst: Deli Çopur beharrt darauf: ‚Das ist die Umgebung meines Hauses. Was hat dein Speicher hier zu suchen? Ich werde hier eine Aschengrube machen.' Jetzt hebe ich also alles aus, und wenn der Regen aufhört, mache ich weiter drüben meinen Speicher."

Die Mühle

Bis vor fünf Jahren gab es im Dorf keine Mühle. Man ließ das Korn in Demirci, genau zehn Stunden entfernt von uns, mahlen. Wenn man einen kleinen Sack Mehl mahlen wollte, dann war das eine Angelegenheit von zwei bis drei Reisetagen; man mußte außerdem noch einige Tage warten, bis man an die Reihe kam. Alle Dörfer der Umgebung ließen ihr Mehl dort mahlen. Çopur Ağas bescherte unserem Dorf eine Mühle. Seither kommen einige von denen, die früher nach Demirci gingen, zu uns.

Leider hat uns diese Sache keinen großen Nutzen gebracht: es ist nämlich eine Wassermühle. Man hat einen Felshang ausgehöhlt und die Mühle hineingesetzt. Das Wasser kommt aus einiger Entfernung und durchfließt drei oder vier Dörfer. Bis es unsere Mühle erreicht, haben die anderen Dörfer ziemlich viel für ihre Bewässerung abgeleitet. Im Sommer trocknet es völlig aus; im Winter friert es ein. Man muß also im Herbst mahlen, was es zu mahlen gibt. Aber bis man an die Reihe kommt. . . Von den Dörfern mit ungefähr hundert Einwohnern haben außer Demirci nur noch zwei andere eine Mühle. Und eine davon ist unsere.

Wenn man die Gelegenheit hat, läßt man im Herbst so viel von seinem Korn mahlen, wie man kann, und verwahrt es in der Ecke. Meistens bleibt man aber mitten im Winter ohne Mehl und Brot. Dann holt man – wenn man kann – das Korn aus dem Brunnen, wäscht und trocknet es, belädt damit einen Esel und geht zehn Stunden zur Mühle. Meistens scheut man im Winter vor dieser Mühe zurück und leiht sich von denen etwas aus, die mehr gemahlen haben.
Die Bewohner der umliegenden Dörfer, die diese Zustände kennen, schrecken daher nicht vor dem langen Weg und dem wochenlangen Warten, bis sie an die Reihe kommen, zurück; sie gehen nach Demirci. Sie beladen Esel und Karren – alles, was sie finden – und lassen sich dort ihr Korn mahlen. Sie gehen auf Nummer Sicher, schon im Herbst. Außerdem mahlt die Mühle in Demirci besser und feiner. Auch ich lasse dort gern mahlen. Gani Çavuş meint, daß das Brot von dort wirklich gut sei.

Die Mühle des Dorfes Demirci ist ebenfalls nicht Eigentum des Dorfes. Ein reicher Mann des Kreises kam und baute seine Mühle an eine Stelle, wo ein starkes Gefälle ist. Er macht mühelos ein ausgezeichnetes Geschäft.

Wenn unser Mühlstein abgenützt ist oder sonst irgendein Schaden entsteht, muß der neue aus dem zehn Tagereisen entfernten Nevşehir gebracht werden, vorausgesetzt, man findet das Pferd, das den Wagen ziehen kann. Im Februar war auch das Mehl des Dorfältesten alle. In dem Haus wohnen drei Brüder zusammen, und die ganze Familie hat fünfundzwanzig Mitglieder. Mit geborgtem Mehl kann man da nicht zu Rande kommen.

Ich frage: „Warum seid ihr denn nicht auch im Herbst nach Demirci gegangen, um euer Mehl zu mahlen?"
„Sprich nicht so, Efendi", lautet die Antwort. „Wir haben doch diese Mühle denen dort zum Trotz gebaut. Wenn wir jetzt zeigen, daß wir die ihre brauchen, dann lachen sie uns aus."

Das Brot

Das gesegnete Brot! Außer der Mühe, die man hat, um es zu verdienen, ist es hier sehr schwer, es so herzustellen, daß man es auch essen kann.

Zwar ist es im Dorf, wo ich geboren bin, ebenso, aber die Blechplatten, auf denen das Brot gebacken wird, sind größer. Außerdem wird das Brot dort auf dem tandir (offene Feuerstelle in einer Bodenvertiefung, mit einem Rauchabzugskanal –A.d.Ü.) gebacken. Da es jedoch in diesem Dorf hier keinen tandir gibt, sind die Blechplatten so groß wie die Herde. Sie haben nicht einmal einen Durchmesser von 40 cm. Auch das Brett, auf dem der Teig ausgerollt wird, ist entsprechend klein. Das Brot kann demnach nicht einmal so groß sein wie das Backblech.
Wenn ich von Brot spreche, dann darf man nicht an die Brotlaibe in den Städten denken. Unsere Brote sind dünn ausgerollte Teigfladen. Trotzdem bleibt das Innere meist roh und teigig. Wohl dem, der es verdauen kann! Es ist wie aus Gummi: Man zieht und zieht, und es will nicht abreißen. Es schmeckt wie nasse Pappe. Aber wieviel Mühe kostet es, um es zu machen! Mir scheint, daß die Zubereitung des Brotes das Leben unserer Frauen um die Hälfte verkürzt. In manchen Dörfern plagen sie sich im Herbst wochenlang, um das bis zum Frühling nötige Brot herzustellen, und stapeln es dann in einer Ecke auf. Vor jeder Mahlzeit wird eine bestimmte Menge angefeuchtet, damit es weich wird. Unser Dorf ist in dieser Beziehung etwas zivilisierter als die umliegenden: das Brot wird jeden Tag frisch gebacken.

Die Frauen stehen schon vor Sonnenaufgang auf (während ihre Männer noch schlafen) und backen das Brot für den Tag. Wenn sich eine der Unglücklichen damit etwas verspätet, wird sie von ihrem Mann verprügelt und als faul beschimpft. Keine Beleidigung erniedrigt die Frau mehr als diese.

Während die Frau das Brot macht, tränen ihre Augen ununterbrochen. Der Herd raucht ständig. Deshalb sind die Frauen von Kopf bis Fuß mit Ruß bedeckt. Wollte man mich fragen, was Höllenqualen sind, so würde ich antworten: „In diesem Dorf Brot backen!"

Es ist zwar besser, das Brot täglich frisch zuzubereiten, aber ich muß mich gezwungenermaßen den Sitten der übrigen Dorfbewohner anpassen. Mein Mehl befindet sich im Hause des Gefreiten Gani und seine Familie backt das Brot einmal in zwei Wochen. Damit mein Brotbedarf keine Belastung für sie ist, muß ich mich diesen Bedingungen anpassen. Ist es frisch gemacht, dann schmeckt es mir, und ich esse fünf bis sechs Stück davon. Wenn es aber trocken ist, wird es hart wie Stein.

Vor dem Essen muß man es auf beiden Seiten gut anfeuchten, dann wickelt man es in ein Tuch, bis es weich ist, faltet es zusammen und ißt es.

Wenn es erst einmal altbacken geworden ist, dann rühre ich es nicht mehr an, außer, ich bin schrecklich hungrig. Ich kann dann nur mit Mühe zwei oder drei Stück pro Tag aufessen. Jedesmal macht man mir Brot aus etwa sieben Kilo Mehl; das ergibt an die dreißig bis vierzig Brotfladen. Einmal haben sie mehr als fünfzig Tage lang gereicht und wollten und wollten nicht alle werden. Da ich keine Nachricht gegeben hatte, daß ich neues wollte, wurde Gani Çavuş besorgt und kam, um nachzusehen, was geschehen sei.

„An deiner Stelle wäre ich schon längst tot", sagte er.
„Nennst du das etwa Brot essen? Ich kann es einfach nicht

runterkriegen, was soll ich tun?"
„Aber, mein Junge! Die Härte des Brotes ist bei dir nur ein Vorwand, in Wirklichkeit gibst du dir nicht die rechte Mühe mit dem Brot. Was in deinen Büchern steckt, weiß ich nicht. Für einen Menschen ist ein Buch genug und selbst das ist noch zuviel. Du aber hast dir davon einen ganzen Haufen aufgestapelt. Gäbest du dir mit dem Brot auch nur halb so viel Mühe wie mit den Büchern, dann würdest du schon sehen, wie du es essen kannst!"
„Aber mein Freund, das hat doch nichts mit den Büchern zu tun. Ich komme doch schließlich auch aus einem Dorf. Ich weiß nicht, wie meine Mutter es machte, aber ihre Brote waren weicher. Dieses hier kommt mir viel zu hart vor."
„Sei nicht so zimperlich. Das, was du deinen Bauch und Darm nennst, ist schließlich nicht von Menschenhand gemacht. Es nützt sich nicht ab. Es stammt aus Gottes Hand."

Ich bin überzeugt, daß man den Gesundheitszustand wesentlich verbessern könnte, wenn man in jedem Dorf einen Backofen baute. Als ich diese Frage anschneide, findet Gani Çavuş auch hier ein Gegenargument:
„Das Brot in der Stadt liegt nur eine Stunde im Magen, unseres hingegen fünf Stunden. Wenn das nicht so wäre, wie könnten wir denn sonst von unserem Brot leben?"

Jene, die einen Esel vor den Pflug spannen

In unserem Dorf muß man das Geld der Erde entreißen, und die Erde gibt so leicht kein Geld her. Darum sind wir auch so arm. Das Land ist mehrfach geteilt worden. Die wenigen dönüm (1 dönüm = 1000 qm), die einem zukommen, muß man ohnehin bebauen. Davon hängt die ganze Existenz ab.

Um den Boden zu bearbeiten, braucht man ein Paar Ochsen, die man vor den Pflug spannt. Aber nicht jeder kann sich Ochsen anschaffen. Ein Ochse kostet 600 Lira. Aber unter wie vielen Steinfuhren diese 600 Lira begraben liegen, kann man kaum sagen. Deshalb spannen die Bauern, die sich keine Ochsen leisten können, einen Esel ein, den sie auch sonst zu allen möglichen Verrichtungen verwenden. Manche spannen einen Ochsen mit einem Esel zusammen. Darüber wundern sich dann wohl beide Tiere. Wenn die Zeit da ist, werden auch die Dreschschlitten auf diese Weise bespannt.

Diejenigen, denen es gutgeht, nennen die anderen, die Esel als Zugtiere verwenden, Ungläubige*, obwohl auch diese Leute keine einzige Gebetsstunde versäumen. Was sollten die Leute denn tun? Sich vielleicht statt des Esels selber vor den Pflug spannen?

Vor allem die Söhne des Hacı Ahmet spannen regelmäßig Esel vor. Sie hatten einen Esel, der 1936 gekauft worden war. Sie hatten ganze zehn Jahre lang diesen Esel vor Pflug und Dreschschlitten gespannt, zusammen mit einem kleinen Ochsen. Das ganze Dorf staunte über die Ausdauer dieses Esels.

Jetzt haben sich die Söhne des Hacı Ahmet getrennt. Der eine ist Hirt geworden; der andere bebaut weiter die Felder, aber mit einem anderen Esel.

Die Ursache all dessen ist die Not, die Unfruchtbarkeit der Steppe. . .

Ein anderer Grund dafür: Der Bauer versucht gar nicht, besser zu leben, er ist überzeugt, daß „heute der beste aller Tage ist".

Die schönen Frühlingstage lassen uns die Qualen des Winters vergessen. Sie werden zwar nach sechs Monaten wieder beginnen, aber sobald es Frühling wird, glaubt man, daß die warmen Monate nie aufhören werden. Der Mensch sammelt Kräfte, um einen weiteren Winter zu überstehen.

An solch warmen Tagen suche ich mir mit den Kindern ein grünes Fleckchen, auf dem wir unsere Schularbeiten machen. Um uns herum pflügen die Bauern ihre Felder. Einige singen: „In der Schule von Kayseri, da wurde ich Gendarm. . ." Auch ich summe dieses Liedchen mit. In der Pause stimmen die Kinder ein Lied an: „Die Butterblume sagt: ich bin aus Gold. . ." Dabei vergessen wir den Winter, seine Mühen und Nöte. Sicher ist von allen Gottesgaben die Sonne die größte. Und wie Strati sagen auch wir: „Möge unser Rücken warm werden, dann widerstehen wir auch dem Hunger."

In meinen Ohren klingt der Ruf des Yakup Kadri: „Schande über den, der dich nicht zu lieben weiß, du sorgenvolles Land!" Ich fühle das Bedürfnis, die gleichen Worte hinauszuschreien, und ich richte mich auf, mein Arm streckt sich aus, als wollte ich eine Armee befehligen. Dann aber denke ich, daß man mich vielleicht für verrückt halten würde, ziehe den Kopf ein und setze mich wieder auf meinen Platz.

Heute befinden wir uns auf der kleinen Wiese bei Avarin Kol in der Nähe des kötü bunar. Rund um uns sind sieben oder acht Bauern. Vor manche Pflüge sind Kühe, vor andere Esel gespannt. Der Sohn des Hüsein Ağa pflanzt die Saat mit der Hacke.

Uns am nächsten ist das Gespann von Koca Isa: auf der einen Seite ist eine Kuh, auf der anderen ein Esel. Den Pflug führt Isa selber. Seine Schwester harkt den von ihm gepflügten Boden. Hinter die Harke hat sie einen Stein gebunden und zieht das Ganze. Sie ist barfuß und man kann ihre Waden durch den Hosenrock sehen. Die Ärmel ihrer Bluse sind zerlumpt. Ihr Gesicht ist von der Sonne ganz ausgedörrt; die Haut schält sich. Die Kinder erzählen, daß Isa dieses achtzehnjährige Mädchen mit bloßen Füßen Disteln treten ließ. Sie hat schrecklich gelitten, aber jetzt geht es ihr besser. „Ihre Fußsohlen sind jetzt wie aus Stein", sagen die Leute, „sie braucht keine Schuhe mehr."

Der Schweiß, der ihr über das Gesicht rinnt, ist ganz gelb; sie kann vor Schweiß die Augen fast nicht offenhalten. Sie kümmert sich nicht um die Erdklumpen, die Steine und Dornen. Die Ärmste zerrt so heftig an der Harke, daß sie sich fast die Schulter ausrenkt. Die Kuh ist müde geworden. Isa spannt sie aus, aber der Esel bleibt. Ich frage die Kinder: „Ist denn der Esel nicht auch müde?"

Sie antworten: „Es braucht zehn Kühe, um den müde zu machen. Er macht sogar den Isa fertig. Wenn wir nicht da wären, würde der sich sogar selber ins Joch neben den Esel spannen. Er schämt sich nur vor uns."

Und wirklich, Isa prüft das Joch, wirft einen Blick zu uns herüber und überlegt es sich dann. Das Mädchen zieht immer noch die Harke. Isa kommt zur „schlechten Quelle", um Wasser zu trinken. Wir plaudern ein wenig.

„Ist es denn jeden Tag so?"
„Jeden Tag, Mamidefendi."
„Wieviel könnt ihr am Tag pflügen?"
„Manchmal zehn, manchmal auch fünfzehn Schritt."
(Das ist kaum schneller als eine Schildkröte.)
„Weshalb wollte die Kuh denn nicht weitergehen?"
„Sie hält es nicht aus."
„Und der Esel?"
„Der hält was aus. Der ist zäh. Der überrundet uns sogar."
„Euch?"
„Ach ja, dann und wann. . ."
„Und was sagst du zum Hüsein des Ali?"
Er hat es besser als wir, Mamidefendi. Schau, mein Nacken wird bald brechen. Aber was fehlt ihm? Er hackt auf und geht weiter. Und dabei pflanzt er genausoviel wie wir.
Ich würde es auch so machen, aber die anderen mißbilligen es. Unsere Art hat wenigstens eine vorschriftsmäßige Ordnung."
„Wie wird er denn die Ernte einbringen?"
„Wir werden ihm helfen."

„Und wer hilft dir?"
„Allah."

Auf dem Nachhauseweg fangen die Kinder an: „Herr Lehrer, der Demirci pflügt auch auf diese Art, Sennan macht es auch so, Topal Musa auch. . ."

Von Mechanisierung wollen wir gar nicht reden. Aber könnten wir doch wenigstens statt der Menschen Tiere anspannen. Das würde uns auch schon genügen.

Die Schafzucht

Ist es in ganz Mittelanatolien so? Ich weiß es nicht. Ich glaube, daß unsere Gegend hier den trockensten und härtesten Boden hat. So, wie ich hier lebe, will es mir wie ein Märchen erscheinen, daß es Gegenden gibt, die grünen, die reich an Früchten sind und Felder haben, auf denen üppiges Gras wächst. Aber so wie diese Gegend hier Wirklichkeit ist, wird es wohl auch bei den anderen sein.

Der Frühling ist gekommen, das Getreide wächst allmählich. Aber Gras gibt es nicht einmal so viel, um sich damit einen hohlen Zahn zu füllen. Als Bauern züchten wir notgedrungen Großvieh und Schafe. Aber jetzt sind unsere Schafe verhungert und elend; sie gehen ein. Mehr als der Schaden quält mich ihre Not. Das Herz bricht einem, wenn man sieht, wie sie sterben.

In diesem Dorf bilden die Schafe drei Herden; von dreihundertfünfzig Häusern erlebten nur tausenddreihundert Schafe den Frühling. Die Lämmer strecken die Zungen heraus und gehen ein. Ebenso die ausgewachsenen Tiere. Ihre Zahl hat sich um die Hälfte verringert. Sie können auch keine Milch mehr geben. Wie Skelette irren sie zwischen den Erdklumpen umher und verenden.

Von allen Dorfbewohnern leiden die Schäfer die größte Not. Wenn sie sich aber einmal an ihr Leben gewöhnt haben, dann können sie es im Dorf nicht mehr aushalten. Sie fühlen sich wohl, wenn sie hinter ihrer Herde her sind. Es ist schwer, sich an ein solches Leben zu gewöhnen. Aber jene, die es zeitig getan haben, halten die Landarbeit für schwer. Sie wissen dafür, wie man eine Herde richtig hütet und pflegt.

Den Winter hindurch bleiben die Herden in Poyraz Ini (Nordwindhöhle). Dorthin bringt man den Schäfern Brot und bulgur. Die Besitzer der Schafe bringen jeden Tag Heu, und wer hat, auch Stroh. Man gibt sich alle Mühe, die Schafe bis zum Frühjahr durchzubringen.

Die neugeborenen Lämmer werden an Ort und Stelle gesäugt. Jeder, der im Dorf ist, Frauen, Mädchen und Kinder gehen jeden Mittag, um die Lämmer zu füttern. Am Nachmittag kehrt man wieder zurück. Das Dorf ist wie ausgestorben. Es ist unterwegs. Manchmal vergißt man, daß es wegen der Lämmer geschieht, und ist beunruhigt.

Eines Sonntags schloß ich mich den Ağas an und ging zu den Höhlen. Man hatte mir schon hundertmal gesagt, es sei nicht weiter entfernt „als eine Zigarettenlänge". In Wirklichkeit hätte man unterwegs eine ganze Schachtel ausrauchen können. Wir brauchten eineinhalb Stunden, bis wir ankamen. Da die Herden noch nicht da waren, besichtigten wir die „Pin". Pin nennt man eine in der Erde ausgehobene Grube, deren Öffnung verschließbar ist. Darin werden die Lämmer verwahrt. Jeder Besitzer hat eine solche Grube, in die man die Lämmer hineinstopft, nachdem man sie gefüttert hat. Dann wird der Deckel darüber bis zum nächsten Tag um die gleiche Stunde geschlossen. Einige Lämmer verenden auch hier.

Die Bäche sind voll von Schafskadavern. Nachdem man es geschoren hat, wird das Schaf in den Bach geworfen. (Diejenigen, die man schlachtet, ehe sie verendet sind – es muß Blut fließen –, werden nach Hause gebracht und gegessen.) Auf der Wasseroberfläche schwimmen wie Trommeln aufgeblähte Kadaver. Alle möglichen Vögel sammeln sich auf diesem Aas. Ich wußte gar nicht, daß es so viele Vögel gibt. . .

Ich frage: „Mehmet Çavuş, was ist das?"
„Das ist Allahs Wille."
Wir werden durstig und gehen zum Brunnen. Du lieber Himmel! Die widerlichsten Insekten, die Gott erschaffen hat, schwimmen darin herum. Eine Frau bringt einen Melkkübel. Die Männer lösen ihre Gürtel, knoten sie aneinander, binden sie an den Kübel und schöpfen Wasser – wenn man das überhaupt als Wasser bezeichnen kann. Da ich das Wasser nicht ablehnen kann, trinke ich und denke mir dabei: „Dann sterbe ich eben daran wie alle anderen."

Inzwischen sind auch die Herden angekommen. Die Lämmer blöken in ihren Gruben, die Schafe antworten traurig. Die Schäfer haben Tragtaschen voller neugeborener Lämmer, die sie an die Besitzer verteilen. Sie bekommen dafür zwei Eier als Lohn. Keines der zwanzig oder fünfundzwanzig Lämmer hat ein Zeichen, aber die Schäfer irren sich nicht. Ich bin darüber erstaunt.

„Efendi, meine Haare sind nicht in der Mühle weiß geworden", sagt ein Schäfer. Mehmet Çavuş erklärt: „Wenn er sich merkt, daß das Lämmchen mit dem schwarzen Fleck an der Ohrwurzel dem Sohn des Bekir gehört, dann vergißt er das auch nicht mehr."

Jeder steht vor seiner Grube bereit; gleich nehmen sie die Lämmer heraus. Vorher müssen die Herden aber getränkt werden. Die Kinder reihen sich vor den Herden auf; man kann sie nur mit Mühe zurückhalten. Es gibt da einen uralten hölzernen Trog, der noch aus Noahs Zeiten zu stammen scheint. Was ich für unmöglich halte – die Herden aus diesem Brunnen zu tränken – geschieht dennoch. Man bindet wieder einige Gürtel zusammen, befestigt drei Kübel an den Gürtelenden. Wenn ein Mann müde wird, tritt ein anderer an seine Stelle. Auf diese Weise werden drei Herden mit je vierhundert Schafen in drei Stunden getränkt.

Nachdem man die Lämmer saugen ließ und sie gestreichelt hat, legt man sie wieder in die Gruben zurück. Und die Menge kehrt wieder ins Dorf zurück.

Einer der Schäfer fragt mich: „Was gibt es Neues im Dorf?"
„Uns geht es ähnlich wie dir. Wir haben nichts Neues gesehen und gehört", sage ich. „Aber was gibt es denn bei dir?"
„Was soll es hier in den Bergen schon geben, außer mir? Ich bin nun schon monatelang hier. Ich höre nichts, sehe nichts. Schau, in welchem Zustand ich bin."
Er entblößt seine Brust. Sein Hemd ist wie aus Wachsleinwand, seine Brusthaare mit einer dicken, pechschwarzen Schmutzschicht überzogen.
„Wäschst du denn nie deine Wäsche?" frage ich.
„Was redest du denn da? Was heißt denn hier Wäsche? Und was heißt waschen. Ich weiß schon lange nicht mehr, wie ein sauberes Hemd aussieht. . ."

Die Ernte

Der Juli ist gekommen. Die Ernte ist reif. Die Gerste ist einen Fuß hoch, das Korn und der Roggen drei. Wie alle anderen nehmen auch wir unsere Sicheln und gehen mähen. Manchmal bricht mir vor lauter Bücken fast das Kreuz, manchmal tragen mich meine Knie nicht mehr, sie schmerzen vom vielen Hokken. Und die Hände werden vom Ziehen wund.

Mein Vater, meine kleine Schwester und mein jüngerer Bruder schlafen auf dem Feld. Ich wasche mir morgens Gesicht und Hände, werfe meine Jacke über die Schultern und gehe dorthin, wo gemäht wird. Man wird mich fragen, weshalb ich die

Jacke bei dieser Hitze mitnehme. Manchmal bläst nämlich ein so starker Nordwind, daß es einem bis in die Lungen dringt.

Abends, wenn ich zurückkehre, bin ich ein ganz anderer Mensch. Meine Lippen sind gesprungen, mein Kreuz schmerzt, meine Hände sind zu nichts mehr gut: sie sind durch die Sichel und die Dornen aufgerissen und blutig. In meinen Handflächen stecken so viele Dornen wie Haare in einem Wolfsschwanz! Wenn ich sie ansehe, muß ich an die runzligen Füße einer Schildkröte denken.

Mein Hemd klebt an der Haut, das Haar an der Stirn. Will ich es kämmen, so komme ich mit dem Kamm nicht hindurch; in der Abendkühle wird es hart wie Zement. Meine Socken und Hosenbeine sind voller Dornen und Disteln; ich brauche eine halbe Stunde, um sie herauszulesen. Bei Sonnenuntergang mache ich mich dann auch auf den Heimweg. Aufrichtig gesagt, ich schäme mich vor den Leuten, denen ich auf dem Heimweg begegne.

Man könnte sagen, daß die anderen in keinem besseren Zustand sind. Gewiß nicht, aber ich kann trotzdem nicht anders, als mich über diesen kaum menschlichen Zustand zu schämen. Wo kann man denn auch auf dem Feld Wasser finden, um sich zu waschen? Außerdem billigen die Leute es nicht, daß ich arbeite. Man findet das meiner nicht würdig. Obwohl sich mein Vater allein mit zwei Kindern abrackert, sagt er zu mir: „Du bis nun ein Herr. Plage dich nicht mit uns herum. Wir werden recht und schlecht zwei Tage früher oder später doch damit fertig werden."

Wenn ich unterwegs einen Ağa treffe, so versucht er mich zu erniedrigen: „Aber Mamıdefendi, mein Sohn", ruft er, „es ist doch eines, ein Herr zu sein, und ein anderes ein Bauer. Ich habe deinen Vater nicht aufsuchen können, um ihm zu sagen, daß er dich nicht mitnehmen soll. Vorgestern stand ich bei der Aschengrube, und da hat man erzählt, daß du mähst. Wir waren alle auf deinen Vater wütend, weil er dich vor deinen Altersgenossen erniedrigt."

Ich erinnere mich an die Worte, die man mir sagte, als ich eben die Schule abschloß: „Wenn du schon studiert hast, so werde entweder Gouverneur oder Unterpräfekt. Was hast du schon von deinem Studium, wenn du dein Leben mit uns auf dem Dorf vertust?"

Das Dreschen

Man holt die Ernte vom Feld und bringt sie auf einen freien Platz außerhalb des Dorfes. Hier wird gedroschen. Da man das ganze Getreide auf einmal aufschüttet, vermischt sich Staub und Erde. Das wichtigste jedoch ist, daß es windig ist.

Die Dreschböden befinden sich auf der Nordseite des Dorfes. Da man zum Dreschen Wind braucht, ist das von alters her Brauch und gilt auch noch heute. Im vorigen Jahr wurde von der Landwirtschaftskammer eine Zeitung herausgegeben, die ‚Ekin' hieß. Darin stand geschrieben, daß es gefährlich sei, die Dreschböden im Norden anzulegen. Denn da der Wind von Norden bläst, besteht Brandgefahr. Als ich das unseren Bauern erklärte, zerrissen sie sich die Mäuler:
„Das ist faules Geschwätz. Wir haben das satt."
Es gibt im Dorf ein Sprichwort: „Findet jemanden, der erntet. Ich zeige euch dann gerne, wo ihr die Garben aufstapeln könnt." Ich erinnerte mich plötzlich dieser Worte und mußte lächeln.

Besonders, wenn die Felder weit entfernt sind, muß der Ochsenkarren, der die Ernte einbringt, am Vorabend abfahren. Langsam, wie eine Schildkröte, erreicht er bei Morgengrauen die Felder. Wenn er beladen ist, kommt er gegen Mittag beim Dreschplatz an, und macht vor dem Abend noch eine zweite Fahrt.

Nicht jedermann besitzt einen Karren und Ochsen. Deshalb tun sich jene, die einen schlechten Ochsen oder Esel haben, mit jenen zusammen, die Ochsen und Karren haben. Wenn es einem aber der Nachbar, den man in seiner Not angefleht hat, abschlägt, dann ist man verloren. Dann kann man bloß noch den Kopf in die Hände stützen und über sein schweres Schicksal nachdenken.

Vor die Dreschschlitten werden gewöhnlich Esel gespannt. Man stopft einen ringförmigen Sack mit etwas Stroh aus, hängt ihn um den Hals des Esels und legt das Joch darüber. Dadurch schützt man ihn vor allzu starkem Druck.

Das wichtigste ist, die Ernte zum Dreschplatz zu bringen. In diesem Jahr gibt es Gott sei Dank niemanden, dessen Ernte auf dem Feld geblieben ist. Die Nachbarn haben sich gegenseitig geholfen.

Wir haben uns mit unserem Nachbarn Duran zusammengetan. Duran ist mein Schulfreund. Nachdem sein Vater gestorben war, fiel die ganze Hausarbeit an ihn. Da er keinen Karren hat, bat er uns, ihm auszuhelfen. Nach dem Abendessen spannen Duran und mein Vater an und fahren mit dem Karren auf die Felder. Ich nehme in aller Frühe den Nachbarssohn Mustafa und unseren Ismet, und wir gehen mit den Eseln zum Dreschboden. Wenn aber dort schon die Garben sind, müssen wir die Nacht dort verbringen, um sie zu bewachen. Ich spanne Durans Esel, den sie „Uhu" nennen, mit unserem „Düden" unter das Joch und vertraue sie den Kindern an. Sie führen abwechselnd den Dreschschlitten, und ich schaufle das Getreide um.
Manchmal ist die Reihe an mir, den Karren zu fahren. Meistens fahre ich bei Tag. Da man bei Tag zwei Fuhren macht, legt sich der eine in den Karren und schläft, während der andere fährt. Derjenige, der in der Nacht gefahren ist, schläft bei Tag. Wenn mein Vater müde ist und im Schatten der Garben schlafen will, fahre ich den Karren bis zum Feld.

Mein Gott, was sind das für Wege! Bei jeder Fahrt stößt man auf den traurigen Anblick eines umgekippten Wagens. Nicht nur ein voller, sondern auch ein leerer Karren kann auf diesen Wegen umkippen, wenn man nicht achtgibt. An den gefährlichsten Stellen muß ich Duran manchmal aufwecken. Man muß lange Steilhänge hinauf- und wieder hinunterfahren, auf Wegen, die plötzlich aufhören, man muß den Karren über Gräben bringen, die die Felder teilen, jähe Hänge überwinden. Solange der Karren leer ist, geht es noch. Aber auf dem Rückweg, wenn er beladen ist, müssen oft zwei Leute die jeweils überhängende Seite stützen, sonst fällt er sicher um. Einer nimmt den Rechen, der andere die Gabel, und man stemmt aus Leibeskräften. Dabei hat man das Gefühl, daß einem Arme und Schultern draufgehen. Ja, man fühlt sich schon gar nicht mehr als Mensch – wenn nur der Karren nicht umkippt! Aber was immer man tun mag – er fällt trotzdem um. Und wenn die Ladung einmal herausgefallen ist, muß man sich zu Tode schinden, bis alles wieder auf seinem Platz ist.

Eines Tages fuhr ich mit Duran nach Akbayir, um Roggen zu laden. Unterwegs stießen wir auf den umgekippten Karren des Emmi. Sie hatten den Karren aufgerichtet, aber das Joch und die Deichsel, an die die Ochsen gebunden waren, waren gebrochen; einer der Ochsen war verletzt.

„Friede sei mit dir, Emmi", sagte ich.

„Und mit dir, blonder Neffe", antwortete er.

Die Augen seines Sohnes standen voller Tränen. Als er sie mit der Hand fortwischte, verschmierte er sich das Gesicht.

Ich begann wieder: „Was ist das nur für ein Zustand!"

„Du siehst, es ist alles ganz klar. Nichts, was du nicht schon kennst. . . Es geschieht ja schließlich jeden Tag. Verflucht sei das Bauernleben! Das Brot, das wir essen, kann uns nicht bekommen. Unser Leben ist wie ein Schuh ohne Sohle." Er weinte nicht. Doch plötzlich wechselte er den Ton, als hätte ich ihn gefragt, warum er nicht weine:

„Es fließt das Wasser von des Ochsen Maul,
stellst du dich hin und weinst,
hält man dich für verrückt."

Emmi ist ein wirklicher Dichter. Inmitten dieser Qual kommen ihm die Verse ganz von selbst. Doch solche geplagten Dichter wie er trinken ihre Inspiration nicht aus Kristallbechern als Wein der Liebe, sondern aus den schwarzen Tongefäßen als Gift des Lebens. Er fuhr fort:

„Der Ochse ist erkrankt, das Joch zerbrochen.
Der Schmerz hat mir das Herz gebrochen."

Darüber erwachte Duran: „Wir werden uns verspäten", sagte er. „Hast du Emmi denn noch nie gesehen? Er ist doch immer so. Oder gefallen dir seine Sprüche so gut?"

Wir fuhren weiter.
Um auf uns zurückzukommen: Ich reichte mit der Gabel die Garben, und Duran schichtete sie. Gerade als wir sie mit dem Strick festbinden wollten und fest anzogen, kippte der Karren nach hinten, und die Ladung lag auf der Erde. Beim zweiten Mal hatte er sie offenbar wieder nicht gleichmäßig verteilt, denn sie fielen wieder heraus. Das Stroh taugte nichts mehr, die Körner waren verstreut. Aus Furcht, daß der Karren wieder umkippt, stützen wir ihn mit Rechen und Gabel zu beiden Seiten. Als wir beim Dreschboden ankommen, sind wir der Erschöpfung nahe. Unterwegs wartete Emmi noch immer. Aus dem Dorf sollte ihm eine andere Deichsel gebracht werden.

Mein Vater

Während der Ernte besteht unsere tägliche Nahrung fast nur aus Kürbissen und Mohrrüben. Sobald sich der Karren dem Dreschboden nähert, bringen meine Schwester Behice und Durans Mutter das Essen. Ich konnte ihnen nicht beibringen, daß man die Speisen bedecken soll. Sie stellen sie in einen Winkel des Dreschbodens. Wenn der Karren mit den Garben ankommt, spannen wir die Esel vom Dreschschlitten und die Ochsen vom Karren und führen sie auf die Wiese beim Bach, damit sie sich ausruhen. Wir setzen uns in den Schatten des Karrens und essen unser Kürbisgericht.

Auf dem Dreschboden wird ständig das Getreide in den Wind geworfen, damit die Spreu davonfliegt. Wir sind ringsum von Staub umgeben. Hände, Gesicht, Mund, Nase – alles ist von Staub bedeckt. Wenn wenigstens das, womit wir den Bauch füllen, sauber wäre! Das Essen ist von einer dicken Schicht aus Staub und Stroh bedeckt. Selbst wenn die Frauen die abgestellten Speisen abdeckten, wären sie im Augenblick des Essens ebenso staubig.

Jedesmal, wenn ich über Reinlichkeit zu sprechen beginne, wird mein Vater ärgerlich:
„Man könnte meinen, der Herr ist in Istanbul erzogen worden! Du Dummkopf! In Wirklichkeit stammst du von einer Art ab, die in demselben Staub aufgewachsen ist."

Duran ergreift aus Kameradschaft oder aus Überzeugung meine Partei.
Eines Tages gibt es Kürbisse. Über die Kürbisse hatte man Joghurt gegossen. Der Joghurt war ganz schwarz vor Staub.
„Vater", sagte ich, „soviel ich weiß, ist der Joghurt doch weiß. Woraus macht man denn diesen schwarzen Joghurt?"
Mein Vater, der ohnehin immer aufbraust, schreit mich an:
„Merk dir: wer ein rechter Bauer ist, der frißt mindestens einen Karren Staub im Jahr! Wenn er keinen Staub schluckt, dann steht es schlecht um ihn. Er paßt dir wohl nicht, dieser Staub? Warte nur, du wirst ihn noch lieben lernen, diesen Staub!"

Meine Mutter

Es ist der heilige Monat Ramadan. Obwohl meine Mutter fastet, hilft sie uns bei der Ernte. Sie leidet gleichzeitig unter dem Durst und der Hitze. Ich wiederum leide, wenn ich sehe, wie sie sich bis zum Abend plagt und schindet.

Wenn man bedenkt, daß die meisten Erntearbeiter fasten, so

finde ich, daß wir dieses Jahr noch gut davongekommen sind. Von allen ist bloß ein junger Mann vor Durst neben einem Getreidehaufen umgekommen.

Ganz anders steht es jedoch um die Kinder. Während Vater und Mutter auf dem Feld mähten, sind sie unbarmherzig vom Tode dahingerafft worden. Täglich starben ein bis zwei Kinder im Alter zwischen einem Monat und einem Jahr. Zweiundzwanzig Säuglinge starben innerhalb der ersten vierzehn Tage.

Wenn jemand meine Mutter etwas fragt, dann erwidert sie kurz: „Habe ich die Kraft zu sprechen?" Trotzdem murmelt sie ständig Gebete. Wenn im Winter die Scheichs (Mitglieder einer religiösen Vereinigung) den Saal mit ihren Gebeten erdröhnen lassen, sammeln sich die Frauen vor Kälte zitternd vor der Türe und versuchen, das Gehörte auswendig zu lernen.

„Aber Mutter, wird dein Mund und deine Zunge nicht müde, wenn du diese Litaneien aufsagst?"
Was redest du, mein Sohn! Wie kann denn eine Zunge müde werden, Gottes und des Propheten Namen auszusprechen! Wie kann ich diese Hitze aushalten, wenn ich sie nicht anrufe? Nur das hält mich davon ab, vor Hunger und Durst zu sterben. . ."

Die Quelle ist neben dem Dorf, eine Wegstunde entfernt.
Die paar Tonkrüge Wasser, die wir zum Trinken gebracht haben, gießt sie sich über ihre aufgesprungenen, brennenden Füße, über Kopf und Brust. Oft holt sie auch von den Nachbarfeldern Wasser.
Ihre Fußsohlen sind aufgerissen. Wir haben ihr ein Paar halbwegs annehmbare Schuhe gekauft. Aber sie sagt: „Wer soll die noch schleppen!"

Ich

Ich schreibe diese Zeilen auf dem Gemüseacker, während ich mich in der glühenden Sonnenhitze ein wenig ausruhe und den

Schweiß trocknen lasse. Die Ernte ist reif, und mein Vater ist allein. Es geht nicht an, daß ich ihm nicht helfe. Aber ich unterscheide mich dadurch von ihnen, daß ich mit Büchern und Papier unterm Arm auf das Feld gehe.

Ich schreibe diese Zeilen während ich mit meiner Mutter zum Harken der Wassermelonen gegangen bin. Die Hitze erschöpft mich. Ich kann sie nicht mehr ertragen und suche einen schattigen Platz. Ich lege meinen Kopf in den Schatten, den der niedrige Mais spendet. Während ich schreibe, höre ich die Stimme meiner Mutter. Sie singt ein Lied:

„In der Ebene ist Schnee gefallen.
Hast du denn nicht gefroren?
Hast du denn nicht bedacht, daß es so heiß sein wird?
Und hätt' ich es bedacht, Mutter,
was hätt' es mir genützt?
Was es dir genützt hätte? Du wärest noch daheim."

Im Dorf ist keine Menschenseele. Alle sind bei der Arbeit. Die Frauen auf den Feldern ertragen die Hitze, indem sie ihre Füße von Zeit zu Zeit in einen Bewässerungskanal stecken.

Bozkir – die graue Steppe, wie man das Innere Anatoliens nennt – dehnt sich grau vor unseren Augen. Zwischen den abgemähten Feldern ziehen die Herden hungrig zum Dorf, um gemolken zu werden. Sie werden gemolken, falls in ihren Eutern überhaupt Milch ist.

Es wird Abend und wir sind zu Hause angekommen. Morgen gehen wir Wicken pflücken. Auch ich muß dort mitarbeiten. Das Mühlrad des Schicksals dreht und dreht sich und zermalmt unsere Leben wie schon vor tausend Jahren.

Wäre doch meine Feder mächtig genug, um diese Zustände zu schildern. Wo sind unsere Künstler? Ihre Augen müßten das Schauspiel sehen!

Welche Meisterwerke könnten aus diesen Strömen von Schweiß geschaffen werden!

Als Yakub Kadri im „Yabani" („Der Fremdling") nur ein wenig auf die Realitäten des Dorflebens anspielte, war schon der Teufel los. Man behauptete, er verleumde das türkische Dorf. Jener, der sich das Dorfleben so wie in dem Vers „Der Schäfer bläst die Schalmei, sein Leben ist poetisch" ausmalt, der kennt dieses Land nicht. Solange wir uns nicht ernsthaft und gründlich mit der Wirklichkeit auseinandersetzen, dürfen wir auch nicht behaupten, die Probleme des Dorfes zu kennen, dürfen wir uns nicht als dessen Anwälte aufspielen.

Die verrückte Kezban

Nicht jeder besitzt ein Feld bei uns. Wer keines hat, arbeitet in der Erntezeit als Tagelöhner bei den Agas. Dieses Jahr sind einige, die kein eigenes Feld zum Bebauen haben, nach Haymana gegangen, um dort zu arbeiten. Die anderen blieben im Dorf.

Die Frau des Veysel – er ist zum Militärdienst einberufen worden –, die verrückte Kezban, ließ sich für zehn kile (ca. 30 kg) beim Meister Musa anheuern. Sie schleppte in dieser Hitze ihr einjähriges Kind von Feld zu Feld und erhielt es trotzdem am Leben. Die Leute staunten darüber: „Wen Gott erhalten will, den erhält er eben!" sagten sie.

Das Feld des Musa in Karabogaz grenzt an unser Feld. Wir mähten gerade Gerste, als die anderen auch ankamen. Ich habe bis zum Abend kein Auge von ihnen wenden können. Am Abend, beim Nachhausegehen, ging ich zu der Frau hinüber. Sie ist mit uns weitläufig verwandt. Während die anderen mähten, konnte sie nur kurz nach ihrem Kind schauen. Ich erfuhr von ihr, daß sie für zehn kile arbeitete.

„Mamit Aga", sagte sie, „für fünf kile habe ich Geld genommen und das habe ich Veysel geschickt. Fünf kile Getreide reichen für mich. Was brauche ich schon mehr!"
Danach beugte sie sich sofort wieder über ihre Arbeit.

Die Suppenzutat

Unser Stall befindet sich im rückwärtigen Teil des Hauses. Und die Scheune wiederum hinter dem Stall: drei Räume hintereinander. Der Stall und die Scheune sind in den Stein gehauene Höhlen. Vor einigen Jahren, als unser jetziges Haus noch nicht gebaut war, bewohnten wir den Raum, der jetzt der Stall ist. Als sich mein Vater etwas zusammengespart hatte, ließ er, während ich auf dem Dorfinstitut war, dieses Haus vor das alte bauen.

Wir können nur einen Teil unserer Habe in unserem Wohnhaus unterbringen. Der Rest wird in der Scheune hinter dem Stall verstaut. Die Nahrungsmittel werden in großen, aus getrocknetem Kuhmist geformten Töpfen aufbewahrt.

Ich glaubte, daß die in der Scheune untergebrachten Sachen nutzlos waren. Daß der bulgur, die Bohnen und anderes in dieses Töpfen waren, erfuhr ich erst, nachdem die Kuh die Lebensmittel gefressen hatte. Danach ließ ich die Gefäße, die Nahrungsmittel enthielten, ins Haus tragen. Aber was geschehen war, war geschehen.

Die Sachen, die man in die Scheune gibt, sind dort nicht sicher untergebracht, denn die Scheune hat keine Tür. Manchmal legt meine Mutter das Karrenrad vor die Öffnung. Wenn man es wieder am Karren befestigen muß, legt sie ein großes Holzscheit an diese Stelle. Die Ochsen sind brav, aber die Kuh ist eigenwillig und zerreißt ihren Strick. Wenn sie in die Scheune eindringt, frißt sie, was sie findet. Wenn sie nichts findet, zerbricht sie die Töpfe.

Diese unmöglichen Zustände brennen mir auf der Seele. Ich sage mir: „Du mußt das alles verbessern. Fange bei deinem Haus an, das Dorf zu verändern. Was nützt dir dein Wissen, wenn du nicht dazu imstande bist." Ich versuche zwar, die Dinge soweit wie möglich zu verbessern, aber ich antworte mir selbst: „Was kann ich schon tun? Wir brauchen vor allem ein anderes Gebäude, und dafür braucht man wiederum Geld."

Vorgestern hörten wir beim Abendessen ein Geräusch von drinnen. Meine Mutter nahm den Kienspan und lief in den Stall. Bald darauf hörten wir sie weinen und schreien:

„Der Teufel soll dich holen, du Mistvieh! Platzen sollst du. Du ungläubiges, moskowitisches Vieh! Voriges Jahr war es der **bulgur**, und jetzt ist es der **bulgur** für die Suppe (Rückstände des **bulgur**). Mein Gott, was soll ich jetzt bloß tun. Wohin soll ich gehen? Ich habe genug von dieser Kuh. Was muß ich nicht alles ertragen! Wäre ich doch lieber tot und von diesem elenden Leben befreit!"

Ich warf den Löffel hin und lief mit meinem Vater in den Stall. Der Bauch der Kuh war wie eine Trommel geschwollen. Sie hat den Topf mit dem Suppen**bulgur** zerbrochen und alles auf der Erde verstreut. Es waren ohnehin nur zwei Maß voll gewesen. Einen Teil davon hat sie gefressen, der Rest hat sich mit dem Mist auf dem Boden der Scheune vermengt. Darauf hatte die Kuh auch noch ihren Mist fallen lassen. Meine Mutter hatte sich auf den Boden gesetzt und versuchte, die Körner aufzulesen. Mein Vater nahm ein Stück Holz und fing an, auf die Kuh einzudreschen.

Die Ernte ist erst in zwei Monaten. Außerdem herrscht in diesem Jahr eine solche Trockenheit, daß wir daran zweifeln, ob es überhaupt eine Ernte geben wird. Da es unseren Nachbarn genauso geht, können wir auch nichts von ihnen borgen. Unsere tägliche Nahrung besteht am Abend aus **bulgur pilav**, am Morgen aus Suppe aus **bulgur**.

Nach einiger Überlegung ging meine Mutter ein Sieb holen. Sie wollte den Schmutz sieben und den **bulgur** aussondern. „Nein, Mutter", sagte ich, „das ist unmöglich!" Doch sie hörte nicht auf mich, sondern siebte weiter. Sie siebte, aber der Schmutz blieb trotzdem.

Ich sagte: „Komm, Mutter, wenn wir schon sterben müssen, so soll es vor Hunger sein!" Ich zog sie beim Arm ins Haus. Sie schlug sich aber weiter auf die Knie und jammerte: „Du Moskowit! Du elendes Vieh, du! Du hast meine Hoffnung vernichtet! Sag mir jetzt, mein Kind, was soll ich euch morgen kochen, was soll ich euch zu essen geben?"

Die Kooperative

In sieben oder acht Dörfern unseres Kreises gibt es landwirtschaftliche Kooperativen. Sie wurden ursprünglich zum Nutzen der Bauern gegründet, aber sie haben den Bauern heute in eine Sackgasse geführt. Denn der Bauer, der sich Geld von der Genossenschaft ausleiht, tut das nicht immer zu einem wirtschaftlichen und gewinnbringenden Zweck: er tut es nur, um alte Schulden damit zu bezahlen. Eine Zeitlang ist er dadurch erleichtert. Dabei denkt er sich: „**Allah** ist groß! Er wird schon wissen, wie es weitergehen soll"

Aber das Jahr ist schnell um, und der Ärmste ist verzweifelt. Die meisten sind außerstande, ihre Schulden zu bezahlen. Es gibt Schuldenrückstände, sie wachsen durch die Zinsen an, und wenn sich einmal eine Schuld verdoppelt hat, dann kann man sie überhaupt nicht mehr bezahlen. Zuletzt kommt die Pfändung und er gerät in tiefste Not. In den Dörfern sind über die Hälfte der Bauern gepfändet worden.

Bei Überprüfung des Besitzstandes in den Registern der Genossenschaft würde man glauben, daß diese Leute wahre Millionäre sind. Um sich mehr Geld ausleihen zu können, haben sie ganze Güter mit Ochsen, Kühen, Pferden und Büffeln vorgeschwindelt! Sogar Leute, die nie ein Stück Land besessen haben, ließen sich eintragen. Wenn die Gerichtsvollzieher zur Beschlagnahme erscheinen, stehen sie verblüfft da; die Reichtümer existieren nur auf dem Papier.

Auch unser Dorf hat seine Genossenschaft. Die Leute beklagen sich zwar, aber sie verzichten nicht auf die Gewohnheit, Schulden zu machen. Man verbringt seine Zeit damit, das Geld auf der einen Seite zu nehmen und auf der anderen sofort wieder auszugeben.

Das Hauptproblem ist vor allem der Kauf von Ochsen. Ein Paar Ochsen kostet 600 Lira. Der Händler wird in drei Raten bezahlt. Aber noch ehe man die zweite Rate abgezahlt hat, geht der Ochse ein. Die Tiere kommen aus dem Osten und können nicht lange ohne Weide am Leben bleiben. Wenn man ein neues Paar kauft, hat sich die Schuld verdoppelt.

Im vorigen Jahr hatte auch mein Vater ein Paar Ochsen für 600 Lira gekauft. Er lieh sich 300 Lira von der Kooperative und zahlte seine erste Rate von 200 Lira. Die restlichen 100 Lira verwendete er für andere Einkäufe. Im Herbst forderte die Kooperative ihr Geld zurück. Die zweite Rate für den Viehhändler war auch schon fällig.

Wir haben ohnehin nur von einem Tag auf den anderen gelebt und haben kein Geld. Wir überlegen:
„Vater, was sollen wir tun?"
„Wie soll ich denn das wissen, mein Sohn?"
Es blieb mir nichts anderes übrig, als zu einigen Agas, die als reich galten, zu gehen. Ich bat und bettelte, und schließlich bekam ich gegen Zinsen 300 Lira zusammen,die ich bei der Kooperative ablieferte. Wenn wir den Viehhändler, diesen neuen Gläubiger, und die übrigen Auslagen bezahlen wollen, müssen wir das nächstemal eine weit größere Summe von der Kooperative ausleihen.

Kurz, indem wir vom Ali ausliehen, um den Veli zu bezahlen – oder auch umgekehrt –, haben wir 400 Lira Schulden gemacht. Mein Vater atmet ein wenig auf, aber unterdessen wachsen die Zinsen. Dabei beneiden uns jene, die kein Geld finden konnten und deshalb gepfändet werden:
„Dein Vater findet sich zurecht. Er steht nicht so ratlos da wie wir."
Ach, stünde es bloß in meiner Macht, euch alle zu retten!

Eine Sorge quält uns ständig: Die Ochsen könnten krank werden: „Vater, was tun wir bloß, wenn uns ein solches Unglück zustößt?"
„Mein Sohn, dann gibt es nur noch eine Möglichkeit: Wir spannen uns unter das Joch, du auf die eine und ich auf die andere Seite. Ismet (mein kleinerer Bruder) führt den Pflug. Wenn wir schon sterben müssen, dann soll es auf diese Weise sein. Das ist noch immer besser, als uns so elend dahinzuschleppen."

Das Schlimmste vom Schlimmen

Wie bei allen anderen ist auch bei uns mitten im Winter das Stroh verbraucht. Die Tiere brachten sich irgendwie bis zum Frühling durch, aber sie waren ganz ausgemergelt. Als der Frühling kam, mußte ich jeden Tag Gras sammeln und das Vieh füttern, sonst hätte es alle viere von sich gestreckt.

In den Schulferien kehrte ich in mein Heimatdorf zurück. Dort erwarteten mich Aufgaben: entweder sollte ich pflügen oder Gras sammeln. Man sagte mir, daß das Grassammeln leichter sei. Ich entschied mich fürs Pflügen. Von morgens bis abends muß man über Felder und Hügel laufen, um einen Sack Gras zu sammeln.

So vergeht der Juni. Meine Füße, die in Babuschen stecken, sind mit Blasen bedeckt und schwellen an. Der Boden ist hart wie Stein. Die Pflugschar dringt nicht in die Erde. Den armen Tieren, deren Bauch leer ist, steht vor lauter Anstrengung der Schaum vor dem Maul. Sie atmen schwer. Ich gebe den Tieren die Hälfte meiner Ration aus trockenem Brot. Aber wozu nützt das schon? An diesen Tagen, wo ich viel gepflügt hatte, waren es zwanzig Schritt (etwa 20 Meter).

Aber es gab Tage, wo ich nur fünf Schritt pflügen konnte. Ich kümmere mich nicht um meine eigene Müdigkeit, aber mein Herz blutet, wenn ich sehe, in welchem Zustand die armen Ochsen sind. Insgesamt haben wir in zwei Monaten fünfzehn dönüm (15000 qm) pflügen können .

Während dieser Beschäftigung ließ ich mich wieder gehen. Ich vernachlässigte mein Äußeres und wusch mir Gesicht und Hände nur mehr mit kaltem Wasser. Wir sind vollkommen verschmutzt, aber ich kümmerte mich nicht darum. Das einzige, was mir leid tat, war, daß ich nicht mehr zum Lesen und Schreiben kam. Ich bin immer so: Komme ich nicht zum Lesen und Schreiben, so fühle ich mich wie gelähmt. Sechzehn Tage lang trug ich ein Buch in der Tasche mit mir herum ohne dazuzukommen, auch nur eine Seite zu lesen.

Ich fühlte mich schließlich recht schlecht. Eines Tages kam ich von der Feldarbeit nach Hause und legte mich sofort zu Bett. Ich begann zu schwitzen und konnte kaum noch atmen. Ich besitze bloß zwei Hemden; in einer Stunde mußte ich sie an die zehnmal wechseln, so sehr schwitzte ich. Die Leute vergaßen alle anderen Sorgen und versammelten sich an meinem Bett. Man schickte nach zwei alten Weibern, die mich anbliesen und Zaubersprüche murmelten. Ich wälzte mich hin und her, Vater und Mutter weinten am Kopfende des Lagers, das die Nachbarn umringten.

Gegen Abend nahm ich zwei Löffel voll Suppe zu mir und schlief gleich darauf ein. „Gott sei Dank, er ist eingeschlafen", freuten sich die Nachbarn und gingen nach Hause.

Nach einiger Zeit hörte ich nahe an meinem Ohr ein Flüstern und öffnete die Augen. Meine Mutter saß beim Kopfende und weinte:
„Mamid, Mamid, Mamid, mein Kind, wach auf!"
„Was ist denn los, Mutter? Sag es schnell, denn ich darf nicht abkühlen. Schau, wie ich schwitze."
„Mein Kind, es ist jetzt keine Zeit, um an Schweiß zu denken. Der Ochse stirbt."
Ich fühlte mich einer Ohnmacht nahe.
„Ich fürchte mich, deinen Vater zu wecken. Der Schlag wird ihn treffen."
Sie schlägt sich auf die Knie und jammert: „Was sollen wir denn bloß tun? Was können wir tun?" Ihre Tränen fallen auf das Kissen. „Ich hörte Lärm aus dem Stall und ging mit dem Kienspan hinüber. Da sah ich den Ochsen auf dem Boden liegen; mit seinen steifen Beinen schlug er den Boden. Er hob den Kopf, der immer wieder auf den Boden zurücksank. Er verendete. . . Vielleicht ist er jetzt schon tot. Komm, mein Kleiner, steh auf. Lieber Gott, was sollen wir bloß tun!"

Nun kommt es also noch schlimmer! Ich vergaß augenblicklich alles, was ich beim Pflügen durchgemacht hatte. Sollte uns zu allem Überfluß auch das noch passieren? Und ich, ich hatte mich bedauert, weil ich nicht zum Lesen kam! Könnte doch der Ochse am Leben bleiben, und sollte ich deshalb auch niemals zum Lesen kommen!

Mir wurde schwarz vor den Augen; ich wußte nicht, was ich tun sollte. Schließlich erhob ich mit zitternd, warf meinen alten Mantel über die Schultern und ging schwankend zum Stall. Meine Mutter stützte mich. Mein Vater und die Kinder schliefen fest.

Der Ochse lag, alle viere von sich gestreckt, auf der Erde. Der andere Ochse mit dem hellen Fell drehte sich um und starrte seinen Gefährten mit feuchten Augen an. Gewöhnlich sind die Ochsen angebunden, aber meine Mutter hatte sie freigelassen.

Ich stieß den Ochsen in die Seite und versuchte, ihn zu heben. Vergeblich. Mein Kopf ist am Zerspringen; ich fürchte, selber hinzufallen. Wer ist kränker von uns beiden, der Ochse oder ich?

Schließlich mußten wir den Vater rufen. Meine Mutter hat meinen Onkel, meine Tante, meinen Großvater und alle Nachbarn geweckt. Im Stall ist es wie auf einem Jahrmarkt. Alle sind bleich.

Als mein Schweiß abkühlte, begann es mir in den Ohren zu summen. Man nahm mich beim Arm und brachte mich mit Gewalt zu Bett. Nie zuvor hatte ich ein solches Bedürfnis gehabt, nicht weiterdenken zu müssen. Mein Kopf schien in einem Schraubstock eingespannt zu sein, der immer fester und fester preßte. Die ganze Welt lastete auf meinem kranken Körper und erdrückte ihn. „Wäre ich doch lieber gestorben, als diesen Tag zu erleben!" jammerte ich. Aber dann versuchte ich wiederum, mich selber zu trösten: „So ist eben das Leben! Auch du wirst dein Teil davon abbekommen. Halt aus, Mahmut!"

Man rumorte noch immer im Stall. Die Nachbarn versuchten leise, meinen Vater zu trösten. Bald wurde der Ochse vor die Tür gebracht. Auch dort klagten sie weiter. Glücklicherweise nehmen die Nachbarn an unserem Schmerz teil. Sie lassen uns nicht im Stich. Ich quälte mich derweil in meinem Bett. Was immer ich mir Tröstliches vorbringen wollte, mein Verstand verwarf es: Wenn der Ochse stirbt, bleibt die ganze Landarbeit stehen. Die Ernte bleibt auf dem Feld. Es wird nicht gedroschen. Ja, so wird es zwar sein, aber, wie mein Vater sagt, wir leben weiter. Durch Jammern kann man die Dinge nicht ändern. Ich sage mir das alles, aber ich kann mich nicht beruhigen. Es gibt ein Buch von Carnegie, in dem heißt es: „Hör auf zu klagen und nutze das Leben!" Ich habe dieses Buch zwar nicht gelesen, aber ich wüßte gerne, ob sich der Verfasser an meiner Stelle vielleicht nicht grämen würde. Man muß alles ertragen können, um zu leben. Das stimmt. Aber wenn man schon nicht das Leben verliert, kann man den Sinn des Lebens verlieren.

Meine Mutter weckte weinend auch die Kinder auf und verkündete ihnen die schwarze Botschaft. Sie liefen nackt und schluchzend zum Ochsen hinaus.

„Wie steht's?" fragte ich meine Mutter.
„Wie soll ich das wissen, Kind? Er schwankt, aber er steht auf seinen Beinen. Dein Onkel sagt: ‚So Gott will, wird das vorübergehen. Er hat sicher schlechte Kräuter gefressen, es ist keine gefährliche Krankheit.'"
Ich atmete auf.

Der helle Ochse gehört Ismet. Der kranke Ochse gehört Nevriye. (Die Kinder teilen zum Spaß alles, was im Hause ist, unter sich.) Während Nevriye draußen laut um ihren Ochsen weinte, kehrte Ismet zurück und legte sich wieder hin:
„Aga, mein Ochse ist nicht krank."
Er freut sich, daß der kranke Ochse Nevriye gehört. Wenigstens kann er sich auf diese Weise trösten.

Im Morgengrauen flößte man dem Ochsen Joghurt mit Knoblauch ein. Das gab ihm so viel Kraft, daß er wenigstens stehen konnte. Aber es ging ihm trotzdem noch sehr schlecht.

Freude

Auf jeden Schmerz folgt Freude. Nur so kann man dieses bittere Leben ertragen. Ich erinnere mich glücklicher Tage, die sich plötzlich durch einen Zufall in Unglück verwandelten, und an Zeiten, die sich ebenso zufällig aufhellten.

Nach der Nacht, in der der Ochse erkrankt war, konnte ich kaum den Morgen erwarten. Statt mich mit meinen Sorgen im Bett zu quälen, zog ich es vor, aufzustehen und ein wenig Luft zu schöpfen. Ich ging umher und sammelte mich ein wenig.

Meine Kopfschmerzen ließen nach. Ich blätterte in einigen Büchern und machte sogar einen kleinen Spaziergang. Ich fühlte mich ein wenig erleichtert. Es wurde schließlich Abend und wir krochen in unsere Betten.

In der Nacht weckte mich meine Mutter wieder auf: „Unsere Eselin hat ein Fohlen bekommen; es ist weiblich." Wir hatten das ohnehin schon eine ganze Weile erwartet; nur, in der Sorge um den Ochsen, hatten wir es ganz vergessen. Diesmal hatte die Mutter den Vater und die Kinder vor mir geweckt. Sie waren alle im Stall. Ich erhob mich und ging zu ihnen. Die Eselin hatte ihre Ohren aufgerichtet und leckte das Fohlen.

Meine Mutter erzählte:
„Gegen Mitternacht hat sie ein paarmal geschrieen. Ich bin aufgestanden und mit dem Kienspan nachsehen gegangen. Man hat bereits die Beine sehen können: ich habe daran gezogen und es ist herausgekommen."

Unsere Augen leuchteten vor Freude wie Fackeln. Dem Ochsen ging es auch schon besser. Der Schmerz der vergangenen Nacht wich einer großen Freude.

„Dieses Eselsfüllen schenke ich Behice", sagte mein Vater und fuhr fort: „Frau, wenigstens brauchen wir – Gott sei's gedankt – kein Geld für einen neuen Esel auszugeben, wenn es am Leben bleibt. Bis seine Mutter alt wird, wächst es heran. Und dann kann auch diese Eselin ein Junges bekommen."

Nachdem die Eselin ihr Fohlen gründlich abgeleckt hatte, stutzen wir ihm die Ohren, damit sie steif bleiben. Mein Vater blies ihm in die Nase und murmelte in seine Ohren: „Kleines Eselsfüllen, bleib nicht zu weit hinter deiner Mutter zurück, sonst fressen dich die Wölfe." (Das ist so Brauch in dieser Gegend.) Dann wandte er sich an meine Mutter:
„Komm, Frau, sag auch du ihm, daß es ein mutiges Tier werden soll."

Meine Mutter näherte sich und murmelte ebenfalls. Dann kommen die Kinder einzeln an die Reihe. Als er mich die Szene sprachlos vor Staunen beobachten sah, ärgerte sich mein Vater. Er wünschte wohl, ich sollte vor Freude springen und wie die Kinder vor Ungeduld darauf brennen, auch etwas in das Ohr des Füllens zu sagen.
Er forderte mich auf:
„Ich erkenne die Menschen an ihren Augen. Du bist nicht habgierig wie die Kinder dieser Gegend. Du schaust von weitem zu. Komm zu uns und tu so wie wir. Vom Zusehen aus der Ferne kann man nicht Besitzer werden."

Ob ich nun wollte oder nicht, auch ich mußte ins Ohr des Eselsfüllens sprechen.
Als wir aus dem Stall gehen wollten, war es unmöglich, die Kinder vom Fohlen fortzubekommen. Ich ging schließlich mit meinem Vater hinaus; die Mutter blieb mit den Kindern bis zum Morgen. Ehe ich aufstand, liefen die Kinder schon hinaus, um die frohe Nachricht ihrem Onkel zu bringen:
„Onkel Ali, die Eselin hat in der Nacht geworfen, und noch dazu ein Weibchen!"
„Nehmt die erste Milch von der Eselin", sagte der, „denn wenn das Fohlen weiblich ist, dann bringt euch das Glück."

Ein anderes Dorf

Sonnabend, der 17. September. „In Macarlı gibt es eine Epidemie", berichtete mir mein Freund Celâl Özçelik, der Gesundheitskommissar. „Ich werde dorthin gehen." Ich beschloß ihn zu begleiten.

Meine Aufgabe ist es, mit Nuri Altinbaş zusammen von Haus zu Haus zu gehen und eine Liste der Geburten und Sterbefälle aufzustellen. In vier Jahren hatte es in diesem dreizehn Häuser großem Dorf neunundzwanzig Geburten und dreizehn Todesfälle gegeben, das macht fünfundvierzig Prozent.

Aber alle Kinder in den Häusern sind krank. Es ist, als lebten wir mitten im Winter: sie liegen alle mit Erkältungen und Keuchhusten bleich und fiebernd in den Betten.
Ich frage nach der Ursache der Epidemie. Man sagt mir, es herrsche Wassermangel; außerden sei das Wasser unrein. Man holt das Wasser aus dem Dorf Neili, das zwanzig Minuten entfernt ist. Im Dorf gibt es weder einen eigenen Brunnen noch einen Tropfen fließenden Wassers. Naci, Mitglied des Dorfrates, nennt mir den zweiten Grund: „Efendi, es ist die Armut. Jeder leidet darunter. Was wird schon aus einem Menschen, der kein warmes Essen hat? Wenn man unreife Kürbisse essen muß, um satt zu werden, dann ist das Ergebnis davon eben der Keuchhusten. Elf Kinder liegen mit Keuchhusten. Einer hat sein Kind zum Arzt gebracht; der hat dem Kind eine Spritze gegeben, aber das Kind ist trotzdem gestorben. Darum denkt keiner mehr daran, zum Arzt zu gehen. Und selbst wenn sie es wollten, könnten sie es nicht tun. Woher sollten sie das Geld nehmen?"

Ich blicke mich um: ringsum nichts als blutleere Gesichter. Wir setzen uns in eine Ecke. Zwei Kinder nähern sich: das eine hat ein lahmes Bein, das andere leidet an einer Augenkrankheit, dem Trachom.

Beim Besuch der Häuser höre ich: „Wir bringen die Kinder nicht zum Arzt, denn selbst, wenn wir es täten, nützt es doch nichts." Und die Leute fügen noch hinzu: „Diese kranken Kinder kannst du schon als tot betrachten. Schreibe sie auf die Totenliste, Mamidefendi. Oder meinst du, daß sie noch aufstehen und zu Menschen heranwachsen werden?"

Nachher setzen wir uns in ein Zimmer. Die Leute wissen nicht, wo sie beginnen sollen, um ihre Sorgen aufzuzählen. Sechs von dreizehn Familienoberhäuptern sind bei uns. Sie hatten dieses Jahr überhaupt keine Ernte gehabt. Während sie sprechen, erwarte ich, daß sie in Tränen ausbrechen werden. Sie bieten einen hoffnungslosen Anblick.

Sechs von dreizehn Familien betreiben Landwirtschaft. Diese sechs Familien besitzen insgesamt vier Karren mit Holzrädern. Die Bewohner der übrigen sieben Häuser verdingen sich in den Dörfern um Konya als Schäfer.

Nur drei Leute können lesen und schreiben; das haben sie im Militärdienst gelernt.

Ich frage nach dem Reichsten unter ihnen. Sie deuten auf das Mitglied des Dorfrates, Nuri Altinbaş: Er besitzt zwei Ochsen, eine Kuh, neun Schafe und drei Hühner. Aber Nuri fügt sofort hinzu: „Ich werde sie in diesem Jahr schlachten. Es lohnt sich nicht, sie aufzuschreiben, Efendi."

Über Grund und Boden befragt, antwortet er:
„Ach, Mamidefendi, unser ganzes Unglück kommt daher, daß wir nicht genug Land haben. Ist es nicht das, was uns das Kreuz bricht? Wir sind fünf Brüder und haben zusammen fünfzig dönüm. Wir haben vierzig kile Saatgut gesät. (Das ist fast nichts im Vergleich zu unserem Dorf.) Wir sind insgesamt sechzehn Personen. Alle sind hungrig. Was sollen wir tun? Kann man sie alle ernähren, wenn man Getreide für Geld kauft? Aber was sage ich – kaufen! Ich rede, als hätten wir überhaupt das Geld dazu!"

Die Leute haben jetzt Vertrauen gefaßt und reden; sie sprechen vor allem über Heu: „Wenn wir kein Heu haben, müssen wir das Vieh schlachten. Was können wir anderes tun?"

Nuri Aga fährt fort: „Die Sorge um das Stroh ist eine große Plage, Mamidefendi. Wir werden nicht auskommen können, ohne Ochsen zu verkaufen. Ich habe sie auf den Markt geführt – drei- oder viermal –, aber man zahlte nichts dafür. Statt dreihundert Lira hat man mir dreißig geboten. Die Sache steht schlecht, sehr schlecht, wie du siehst. Was sollen wir tun, wenn die Leute kein Geld für die Ochsen geben? Wir werden sie schlachten müssen und die Familie damit füttern, bevor die

Erde die Kinder frißt. Bruder, wir wissen nicht mehr, was wir tun sollen. Wir sind mit Haut und Haaren verloren!"

„Aber hast du außer den dreizehn kile keine anderen Einkünfte?" frage ich.
„Andere Einkünfte? Bei Gott: nichts, gar nichts. Nur zehn Piaster, die ich auf dem Weg fand, als ich vorige Woche vom Markt gekommen bin. Wir erheben unsere Hände zu Gott, nur er kann uns noch helfen. Ich sage dir: dieses Jahr werden wir alle sterben. Was kann man denn mit dreizehn kile, die die ganze Ernte ausmachten, anfangen? Wenn Gott eine Türe öffnet, dann öffnet er sie. Vielleicht überleben wir, wenn Gott einem seiner reichen Geschöpfe Mitleid eingibt, damit es sich unserer erbarmt. Wenn wir sterben, sind wir erlöst. Wenn wir tot sind, wird sich schon jemand finden, der unsere Leichen aus dem Hause holt und fortwirft. . ."

Ich mache rasch Notizen. Dabei sehen die anderen mir zu, sehen sich gegenseitig an und nicken zustimmend. Nuri Aga scheint nicht aufhören zu wollen: er würde zehn Tage ununterbrochen so weiterreden können. Es ist wie ein nasser Maulwurfshügel: wie oft man auch darauftreten mag, immer kommt Wasser heraus.

Er fährt fort:
„Wir können den Nachtwächter nicht bezahlen, und den muhtar auch nicht. Und die Sache mit der Kleidung ist auch beschissen! Wenn ich den Leuten im Haus keine neuen Kleider, sondern nur Flicken für die alten Kleider kaufen will, dann brauche ich zweihundert Lira, und auch das würde nicht langen. Sie können froh sein, wenn sie trockenes Brot finden! Sollen sie doch ihre Bäuche und was darunter ist, nackt hängen lassen!"

„Und was gibt es noch?" frage ich.
„Genügt das vielleicht nicht? Soll ich weiter aufzählen?"
Mein Arm tut auch schon vom Schreiben weh.

Ich sage: „Laß mich noch ein wenig mit dem Nachbarn sprechen."

„Es geht uns allen so", antworten sie im Chor.

Einer, den sie Osman Aga nennen, sagt:

„Ich habe zehn kile Gerste geerntet. Der Weizensamen ist verloren; der Weizen wollte nicht gedeihen. Wenn wir die Gerste nicht angebaut hätten, wären wir verloren. Aber was soll ich mit dem wenigen anfangen? Soll ich es verfüttern, soll ich es selber essen oder soll ich es als Saatgut verwenden?"

„Schau dir den Dummkopf an!" sagt Deko. (Osman Aga stammt aus einem anderen Dorf.) „Du Trottel, du denkst noch an Futter? Ihr Bauern denkt wohl mit dem Schwanz statt mit dem Kopf! Schlachtet die Ochsen! Schlachtet sie und füttert eure Kinder damit!"

Recht hast du, Deko. Es geht auch, wenn wir die Ochsen schlachten. Aber wir haben nichts zum Brennen. Was werden wir im tandır brennen?

Nachdem sich unsere Aufregung gelegt hat, reden wir weiter. . .

Nuri Aga sagt:

„Was ist schon besonderes an den Toten vom Vorjahr und diesem Jahr. Vor acht oder zehn Jahren gab es in unserem Haus eine Seuche, und zehn Personen sind gestorben. Gott helfe mir, damit du mir glaubst!"

Memo:

„Damals war es bei allen so, mein Sohn. Meine Mutter und mein Vater haben mir erzählt: Während der Hungersnot von 1885 blieb ihnen nur ein einziger schinik (ca. 10 Liter) Gerste. Zwei ganze Monate lang haben sie nichts als etwas in Wasser gekochte Gerste ohne Fett und Salz gegessen. In jenem Jahr starben in diesem Dorf fünfzig Menschen an Hunger."

Veli sagt: „Es bleibt uns nichts, als Wegelagerer zu werden. Man fängt einen Menschen auf der Straße und sagt ihm: ‚Steig von deinem Esel ab, mein Lieber. Wir wollen essen, was in deiner Satteltasche ist.' Lieber Efendi, du schreibst alles, was wir hier sagen, fleißig auf. Hoffentlich bleibt es nicht nur auf dem Papier. Schick es dem Vater ‚Regierung', er soll sagen, was er sich zu unserem Zustand einfallen läßt."

Der Fremde mischt sich ein:
„Wir haben keinen anderen Ausweg. Glaubst du, daß man uns woanders als Gehilfen in einer Mühle anstellen würde?"

Es ist bereits spät am Nachmittag.
Wir sagen: „Wir haben euch schon genug beansprucht. Nehmt es uns nicht übel. Erlaubt uns, Abschied zu nehmen."
„Ihr habt uns überhaupt nicht beansprucht, wir müssen uns entschuldigen. Lebt wohl und Allah möge euch beschützen!" antworteten sie.
Wir verabschiedeten uns. Gegen Abend kam ich zusammen mit Celal im Dorf an.

Das Saatgut

Bald brachte ich diese jämmerlichen Zustände den leitenden Beamten der Kreisbehörde zur Kenntnis. Sie fühlten sich ebenfalls durch den Verlust der Ernte betroffen. Man beschloß, daß die Landwirtschaftsbank Getreidesaatgut verteilen sollte.

Am 19. September sollte Saatgut an unser Dorf verteilt werden. Am Vorabend wird ausgerufen: „Jeder soll seinen Geburtsschein mitnehmen, und vier Fotografien sind nötig! Vergeßt das nicht! In der Nacht geht ihr in die Stadt und holt euch das Saatgut! Wer sonst noch was zu fragen hat, soll zum muhtar kommen!" Der Ausrufer macht nach jedem Wort eine Pause. Am Abend versammeln sich alle in der Stube des muhtar. Jeder sagt seine Meinung.
„Was kann man schon mit fünf kile Getreide anfangen? Das macht ungefähr drei kile pro Landarbeiter. Wieviel Boden kann man schon damit bebauen. Die sechs Stunden Weg lohnen sich nicht dafür."

Mustafa, der Sohn des Gefreiten Isa, ist nicht einverstanden:
„Wißt ihr denn nicht, daß es mit allem so ist, was die Regierung tut? Ihre Wohltaten sind nicht der Rede wert. Oder glaubt ihr vielleicht, daß die Regierung für euch ihre Speicher leeren wird? Es gibt so viele Dörfer mit so vielen Bauern! Es ist schon ein Kunststück, wenn sie einem jeden drei kile geben kann."

„Gut, dann nehmen wir es dort, verkaufen es dort wieder, geben das Geld aus und kommen zurück."

Jene, die ihr Saatgut nicht in der Stadt verkaufen wollen, überlegen, wie sie die Reisekosten aufbringen sollen:
„Entweder wir müssen von zu Hause ein kile Bohnen mitnehmen und dort verkaufen oder ein kile vom erhaltenen Getreide und so die Kosten einbringen. Anders kann man es nicht machen."

Der muhtar meint:
„Nachbarn, wer weiß, ob wir dort nicht ein oder zwei Tage warten müssen. Nehmt Brot oder etwas anderes zum Essen mit. Und daß ja keiner seinen Geburtsschein vergißt!"

Wir vereinbaren, daß jeder in der Nacht sein Tier besteigen und sich auf den Weg machen soll, um früh am nächsten Morgen, wenn die Ämter öffnen, in der Stadt zu sein. Nach diesem Beschluß gehen die Leute auseinander.

Der muhtar, die Mitglieder des Dorfrates und ich bleiben zurück.
Der Gefreite Veli beginnt:
„Vielleicht wirst du das jetzt auch aufschreiben, Mamidefendi? Das ist mir übrigens gleichgültig. Wir haben noch zwei Fuhren Stroh, sechs Stück Vieh, großes und kleines. Zu Hause gibt es überhaupt nichts mehr zum Brennen. Ich weiß nicht mehr, was wir tun sollen. In einem Jahr wie diesem hier läuft aber auch alles schief. Ich frage mich, Freunde, ob das Allahs Wille ist:

Heute war ich auf den Weiden. Die Weibchen dort haben alle geschwollene Bäuche. Gott verzeih mir, alle sind sie schwanger."

„Gefreiter Veli" sagte Hüsein Aga, „wenn die Jungen wüßten, wie die Welt beschaffen ist, würden sie von dort gar nicht erst herauskommen. Aber da ist nichts zu machen. Wenn sie einmal draußen sind, sehen sie schon, wie es auf dieser Welt zugeht."

Um auch etwas zu sagen, bemerke ich:
„Weshalb seid ihr so niedergeschlagen! Ich bin sicher, daß, wenn wir jetzt eure Getreidespeicher öffnen, sich in jedem hundert kile Getreide finden werden."

„Um Gottes Willen, Mamidefendi, laß doch die Fremden so reden, aber rede nicht du so!" sagte Veli Çavuş. „In diesem Dorf gibt es viele, die weinen und jammern, weil sie heuer nicht mehr als zwei oder drei kile geerntet haben. Saban Aga, der der Reichste ist, hat entweder zehn oder zwanzig kile geerntet, nicht mehr."

Mir fällt ein, sie nach ihrer Nahrung zu fragen. Ich weiß, daß sie sich jetzt, zu Herbstbeginn, von nichts anderem als von Brot und Wassermelonen ernähren.

„Was brauchen wir mehr als Brot?" antwortet Veli Çavuş. Doch dann fügt er traurig und bitter hinzu: „Das, was du die tägliche Ernährung nennst, Mamidefendi, das ist ein Geheimnis: Niemand weiß, was der andere ißt und was er leidet. Diese Dinge lassen sich nicht mit der Feder zu Papier bringen. Und selbst wenn man es könnte: Welcher Leser könnte damit etwas anfangen? Er müßte einige Tage mit mir aufstehen und schlafen gehen, um zu begreifen, wie Veli Çavuş auskommt."

Nach zwei Tagen kamen die Leute zurück, die gegangen waren, um ihr Saatgut zu holen. Nur vier Bauern brachten ihre drei kile mit. Die übrigen hatten ihren Anteil verkauft, um Dringenderes zu erstehen. „Wir sollen Schuldner der Regierung sein, Gott segne sie!" sagten sie.

Szenen aus dem Dorfleben

Wie eine Weltreise

Von meinem Dorf bis zum Dorf, in dem ich Lehrer bin, sind es zehn Wegstunden. Das ist ungefähr eine Tagereise. Unterwegs gibt es nur die Kara tepe (schwarze Hügel) und außer den kleinen, schwarzen Kieseln, die auf den schwarzen Hügeln noch schwärzer erscheinen, trifft man unterwegs keine lebende Seele.

Diesen Weg muß ich fünf- bis sechsmal im Jahr zurücklegen. Wenn ich auf dem Esel reite, ist es schlimmer als der Tod. Zu Fuß ist es immer noch besser.
Wenn ich kein Gepäck habe, gehe ich also zu Fuß.

Es war der 15. September. Die Kinder zwischen sieben und sechzehn Jahren sollten gezählt, die Schüler eingetragen und in die Schule aufgenommen werden. Mein Vater würde mir mein Gepäck nachbringen, aber bis er käme, würde es eine Weile dauern. So packte ich das Nötigste in einen Sack und belud damit den Esel. Um sechs Uhr morgens machte ich mich auf den Weg. Doch das Tier wollte um keinen Preis vorwärts. Ich dachte mir: „Das wird bald besser werden." Wir gingen weiter, doch nun wurde es ganz schlimm. Seine Nase lief. Sicher war er krank. Dabei hatte ihm gestern abend nichts gefehlt. . .

Hätte ich doch lieber den Sack und den Esel zu Hause gelassen! Ich gab den Gedanken auf, ihn zu besteigen, wenn er bloß ordentlich vor mir herginge!

Ich hätte ihn am liebsten freigelassen und wäre weitergegangen, aber wir waren schon ziemlich weit vom Dorf entfernt. Es war jetzt schwer zurückzugehen. Es blieb mir also nichts anderes übrig, als ihn mit „Hü!" und „Hott!" zu stoßen, und auf diese Weise vorwärtszukommen.
Der Esel trottete mit kleinen Schritten vor mir her. Ich paßte meinen Schritt dem seinen an. Wir kamen nur sehr langsam vorwärts.

Es war neun Uhr und bereits ziemlich heiß. Über dem Berg Hasan tauchte ein Flugzeug auf; es flog von Adana nach Ankara. In zwei Minuten hatte es den Berg Ekecik, mein Reiseziel erreicht, überflogen und war meinen Blicken entschwunden.

Der Esel und ich setzten unseren Weg im gleichen Tempo fort; Von Zeit zu Zeit rasteten wir. Am Nachmittag hatten wir kaum ein Drittel unseres Weges zurückgelegt. Ich war auf den Esel wütend, aber das half nichts. Ich ging vor ihm und zog ihn am Zügel, ich ging hinter ihm, und stieß ihn mit einem spitzen Stock: alles umsonst! Schließlich war ich ganz mutlos.

Am Nachmittag kehrte das Flugzeug zurück und überflog uns. Wenn wir den Weg messen wollten, den wir inzwischen zurückgelegt hatten, wären es nicht einmal zwei Kilometer. Indessen ist es nach Ankara geflogen und befindet sich auf dem Rückweg.

Es wurde Abend, es wurde Nacht, Mitternacht. Wir gingen immer noch, vorne der Esel, dahinter ich. In meinen Ohren brauste es. Außer den Fliegen, die sich in die Augen des Esels setzten und wieder davon flogen, waren wir auf dem ganzen Weg keinem einzigen Wesen begegnet. Zum Glück hatten wir Mondschein.

Kurz und gut, der kranke Esel und ich, wir waren beide erschöpft. Meine Beine trugen mich nicht mehr. Ich weiß gar nicht, wie ich noch gehen konnte. Meine Zunge klebte am Gaumen. Ich hatte nicht einmal Lust, mir ein Stück Brot zu holen und zu essen. Taumelnd, völlig erschöpft trotteten wir weiter. Am Morgen näherten wir uns beim ersten Hahnenschrei dem Dorf. Die Schule liegt an der Straße, das Dorf ist etwas weiter entfernt. Vor der Schule warf sich der Esel zu Boden und streckte sich aus. Auch ich machte es mir bequem und lehnte mich gegen die Mauer. Der Morgen graute, es fing bereits an, hell zu werden. Ich war vor Müdigkeit und Schlaflosigkeit ganz durcheinander.

Nach einer kurzen Rast erhob ich mich und gab dem Esel etwas Gerste aus der Satteltasche. Er fraß, ohne sich aufzurichten, und erholte sich ein wenig. Dann brachte ich ihn auf die Beine und führte ihn in den Stall des Nachbarn. Inzwischen war die Sonne aufgegangen. Der Nachbar sagte: „Du bist rasch gekommen, Mamidefendi. Du bist wohl früh am Abend aufgebrochen."
Er glaubte wohl, ich wäre nur die Nacht hindurch gewandert.

Ich habe den Esel fünfzehn Tage lang gepflegt. Dann kam mein Vater, und ich schickte den Esel mit ihm zurück. Mein Vater verglich seinen jetzigen Zustand mit seinem früheren, und da er nicht wußte, daß das Tier inzwischen krank gewesen war, lachte er mich aus, als ich ihm erzählte, wie es uns unterwegs ergangen war: „Ich kann mit diesem Esel in einem Tag und einer Nacht bis nach Ankara gehen! Du hast vergessen, wie man einen Esel treibt, und deshalb ist das geschehen. Wer weiß, woran du unterwegs gedacht hast, daß du den Esel nicht hast treiben können?"

Welkes Laub

Vor unserem Dorf fließt ein kleiner Bach, dessen Wasser nicht bei der Feldarbeit verwendet wird. An den heißesten Sommertagen wird hier das Wasser viel zu warm; deshalb füllt man die

Krüge an der Quelle in der Nähe des Dorfes. Im September, wenn die Rinnsale mit welkem Laub bedeckt sind, versiegt das Wasser in der Quelle.

Sprich du nur von Mikroben und Krankheiten und versuche, den Leuten gute Ratschläge zu geben! Sie antworten: „Wasser mit welkem Laub, das gibt Kraft und Gesundheit – so viel, daß man es gar nicht erklären kann. Soll doch die Quelle versiegen!"

Der einzige Grund, warum man sich im Sommer nicht um den Bach kümmert, ist, daß sein Wasser zu warm ist. Sonst ist es aber gleichgültig, ob dort der ganze Schmutz des Dorfes abgewaschen wird, ob sich Pferde und Büffel darin wälzen, ob er voller Unrat trüb und undurchsichtig dahinfließt. Wem macht das schon etwas aus? Sie trinken es, und noch dazu als Heilmittel!

Das Bauernhaus

Stellt euch ja nicht ein Stadthaus mit einem Bretterboden, mehreren Zimmern, einer Küche, Vorratskammer, Toilette und Badezimmer vor!

Sondern einen einzigen Raum mit gestampftem Boden, einen Raum, der nach Ruß riecht und gleichzeitig als Küche, Eßzimmer, Schlafraum und Wohnzimmer dient.

Fast alle Häuser sind so. Alle Familienmitglieder leben und schlafen in diesem einräumigen Haus. Die Mauer ist mit Holznägeln gespickt. Daran hängt entweder ein zerbrochener, unnützer Tonkrug oder ein rußiger Beutel.

„Mutter, man muß diese Dinge wegwerfen. Wozu nützt denn das alles?"
„Du bist zu einer richtigen Plage für uns geworden, mein Sohn!

Geh, mein Junge, geh. Wir können nicht einmal mehr tun und lassen, was wir wollen. Du läßt nichts, was man einmal wo hingestellt hat, auf seinem Platz, und nichts, was man gesagt hat, so, wie es ist. Du bist verrückt geworden. Was ist mit dir?"

Der tandır

In der Mitte dieses einzimmrigen Hauses ist eine Grube, ähnlich einem Loch, wie man es gräbt, wenn man ein Bäumchen pflanzen will. Diese Grube wird tandır genannt. Im Winter wird darin jeden Morgen, also einmal am Tag, Feuer gemacht. Auf den ersten Blick versteht man nicht, wieso in einer solchen Grube Feuer brennen kann: aber unterirdisch führt ein Tunnel – ähnlich wie ihn Maulwürfe graben – von außerhalb der Mauer bis zum Boden des tandır. Von dort erhält das Feuer die nötige Luft. Wenn das Feuer richtig brennt, wird das äußere Loch mit einem Sack oder ähnlichem verstopft, damit die Luft das Feuer nicht zu sehr abkühlt. Und das Feuer im tandır glüht weiter.

„Mutter, das ist viel zu umständlich. Außerdem ist es schmutzig. Wie wäre es, wenn wir einen Ofen kaufen?"
„Einen Ofen, was ist das?"
Ich erkläre ihr, das sei so und so.
„So etwas kann uns nichts nützen. Das kann doch nichts richtiges sein, wenn wir nicht bis zum Hals im Dreck wühlen müssen!"

Die Quelle des Schmutzes

Im tandır brennen nur Kuhfladen. Damit man diese anzünden kann, braucht man boruk (eine Pflanze, die getrocknet rasch brennt) und Strohhäcksel. Wenn der tandır brennt, überzieht sich alles im Haus mit Ruß. Von außen gesehen ähneln die Hausmauern dem Gesicht eines Pockennarbigen. Innen sind

Decke und Wände wie aus Teer.

Sobald der tandır angezündet wird, kann man es im Raum nicht mehr aushalten. Nur wenn man sich hinhockt oder den Kopf dem Fußboden nähert, zieht der Rauch über den Kopf hinweg.

Das Pult

Wenn das Essen gekocht ist, stellt man den Kessel wieder auf den tandır, um das Abendessen vorzubereiten. Nun ist die Zeit gekommen, sich zu wärmen.

Damit die Wärme bis zum Abend vorhält, wird über den tandır ein vierbeiniges Pult gestülpt. Darüber legt man einen Kelim oder eine dicke Decke. Im Winter versammeln sich alle Hausbewohner um diese Feuerstätte, stecken die Beine unter die Decke und rühren sich bis zum Abend nicht von der Stelle. Und wenn dann eine Alte Gruselgeschichten erzählt, stecken die Kinder aus Angst ihre Köpfe unter das Pult.

Am Abend werden die Betten rund um den tandır gemacht, das Fußende zur warmen Feuerstelle. Sind auf den vier Seiten vier Matratzen ausgebreitet, dann liegen mindestens acht Leuten in den vier Betten, und sechzehn Füße rösten rund um den tandır. (In den großen Familien schlafen die Kinder zu dritt oder zu viert in einem Bett.)

Das Fenster

Unser Haus hat zwei Fenster. Das eine befindet sich genau über dem tandır. Seine Stelle ist auf dem Dach mit einem Tonkrug gekennzeichnet: das ist der Abzug.

Seitenfenster gibt es in jedem Haus nur ein einziges. Das größte ist kleiner als ein gewöhnliches Zeitungsblatt. Diese Seitenfenster sind noch so wie vor der Erfindung des Glases. Sie bleiben Sommer wie Winter offen. Die Öffnung im Dach wird im Winter mit einem flachen Stein zugedeckt.

Wenn es im Winter besonders kalt ist, schiebt man Holzstücke in die Fensteröffnungen und stopft die Lücken mit Fetzen zu. Die meisten Fenster, die gerade groß genug sind, um eine Katze durchzulassen, werden bis zur halben Höhe verputzt.

Das Dachfenster ist das wichtigste; wenn es nicht wäre, könnte der Rauch nicht abziehen.

Licht

In unseren Großstädten erinnert man sich an die Petroleumlampe als eines schäbigen Gegenstandes aus ferner Vergangenheit. Aber dieses Instrument der Zivilisation ist noch gar nicht bis in unsere Dörfer vorgedrungen.

Als ich in unserem rußgeschwärzten Haus an einem geeigneten Ort einen Holznagel in die von Kuhfladenrauch und Öllampenrauch überzogene Wand einschlug und zum erstenmal eine Petroleumlampe daran aufhängte, fühlte ich mich wie ein General, der einen Sieg errungen hat.
Die Kinder staunten:
„Mutter, schau, die brennt vom Bauch und nicht vom Ende wie unsere Öllampen."
Jetzt aber bin ich nicht mehr bei meinen Eltern, und sie zünden die Lampe nicht mehr an.
„Mutter, Vater, warum zündet ihr sie denn nicht an?"
„Wenn du im Sommer in den Ferien nach Hause kommst, dann zünde deine Lampe selbst an. Wie kann man denn in den heutigen Zeiten genügend Petroleum dafür auftreiben? Und außerdem, wenn sie einmal hinfällt, bricht sie in tausend Stükke. Wozu brauchen wir diese Scherereien!"

Das Versteck des Geldes

Die Türen mancher Ställe sind außerhalb, die meisten jedoch innerhalb des Hauses. Der Bauer ist nur dann ruhig, wenn seine Habe in Sicherheit ist. Er nimmt dann sogar den beißenden Stallgeruch in Kauf.

Der Sohn des Fehtı hatte durch Maurerarbeiten fünfundvierzig Lira verdient. Dieses Geld hatte er am üblichen sicheren Ort versteckt: in einem Loch in der Stallmauer.

Hätte er das Loch danach zugemauert, wie es die Chinesen tun, dann wäre wahrscheinlich nichts passiert. Aber das Kalb zog auf unerklärliche Weise das Geld aus dem Loch. Man sah, wie es daran kaute, und riß ihm den Geldschein aus dem Maul. Zu spät! Er war dahin.

Diese Geschichte erinnert mich an meine Schüler. Kürzlich sagte ich zu einem von ihnen:

„Du hast seit so langer Zeit nicht einmal einen Bleistift kaufen können."

„Herr Lehrer, Vater ist in die Fremde gegangen, und meine Mutter weiß nicht, wo das Geld versteckt ist. Wir haben gestern abend den ganzen Stall durchsucht und nichts gefunden."

Das Stempelkissen

Wir kannten nicht den Wert der Teerschicht, die die rußigen Wände der Gemeindestube bedeckt. Es zeigte sich, daß auch sie nützlich war.

Ich schrieb einmal einem Burschen eine Bescheinigung. Er ging damit zum Dorfältesten und ließ sie stempeln. Als er sie zurückbrachte, sah ich, daß der Stempel das zusammengerollte Papier verschmiert hatte.

Ich fand die Ursache heraus: im Stempelkissen des Dorfältesten war die Tinte ausgegangen. Da fand er einen Ersatz – schließlich sind ja die Wände mit einer Stempeltinte, und dazu noch einer unversiegbaren Sorte, bedeckt.

Die Dorfuhr

Die Bauern haben viele praktische Meßmethoden. Um festzustellen, ob die Erdfeuchtigkeit zum Pflügen ausreicht, ziehen sie ihre Hosen aus und setzen sich mit dem nackten Hintern auf den Boden. Sie können voraussagen, ob das Wetter gut oder schlecht wird, indem sie auf den Schwanz einer Ziege sehen. Zur Zeitbestimmung verwendet man in unserem Dorf ähnlich praktische Methoden. Zwar besitzt der kahlköpfige Hoca (mohammedanischer Geistlicher) Keleş eine schäbige Uhr, aber es fällt niemandem ein, ihn nach der Zeit zu fragen.

Die Türe der Moschee blickt gegen Westen. Auf der Schwelle ist ein Zeichen. Wenn sich die Dorfbewohner zum Mittagsgebet versammeln, blicken sie auf das Zeichen. Hat die Sonne das Zeichen erreicht, wird der Ruf zum Gebet gesungen. Wenn der Schatten des im Westen gelegenen Hügels auf die Straße fällt, dann ist die Zeit für das Nachmittagsgebet gekommen. Der Abendgottesdienst wird gehalten, wenn die Sonne rot am Horizont verschwindet.

Die Zeit für das Nachtgebet vor dem Schlafengehen wird geschätzt. Die Leute sagen: „Je später man betet, desto besser." Beim Morgengebet richtet sich der Hoca nach dem Morgenrot.

Sie werden fragen: „Wie stellt man denn die Zeit fest, wenn sich die Sonne im Winter hinter den Wolken verbirgt?"
Nichts ist einfacher: man fragt den Hoca. Wenn man sich nach dem Hoca richtet, gibt es da kein Problem mehr. Außerhalb der Namazzeit (Gebetsritual, das fünfmal täglich zu

absolvieren ist.) interessiert sich niemand für den Begriff der Zeit.

Das Geschirr

Flüssige Speisen werden in irdenen Töpfen auf das Feld gebracht. Die Töpfe werden mit Tüchern bedeckt. Diese Speisen werden aus verbeultem und unverzinntem Kupfergeschirr gegessen, das vorher mit kaltem Wasser ausgespült wurde. Man ißt mit vierzigjährigen Holzlöffeln, die schwarz wie Kohle sind; sie sind entweder gesprungen oder ohne Stiel.

Auch in unserem Haus ißt man so. Eines Tages reservierte man mir einen Blechlöffel, denn man glaubte, der Holzlöffel gefiele mir nicht. Aber ich durfte doch nicht den Vornehmen spielen und mich höher stellen als die anderen! Also packte ich den Löffel und warf ihn fort. Ich ließ einen Satz neuer Holzlöffel kaufen. Sofort wurden diese neuen Löffel beiseite gelegt und aufgehoben. Alle Familien besitzen solche neuen Löffel, aber sie werden nicht verwendet.
„Warum benutzt ihr sie denn nicht?" frage ich.
„Was war denn an den alten schlecht?"

Ich finde mich zwar mit all diesem Schmutz ab, aber manchmal wird es mir doch zuviel, und ich weigere mich: Mein Vater hatte aus dem Topf, aus dem wir aßen, den Esel getränkt, und obendrein hatte er das ganze Wasser in dem Tonkrug aufgebraucht; so saßen wir mitten im heißesten Sommer ohne Wasser auf dem Feld. . .

Die Hände

Es ist Erntezeit. In diesem Monat wäscht man sich nicht die Hände.
„Vater, weshalb nicht?"

„Wenn man sie am Abend wäscht, sind sie bis zum nächsten Morgen empfindlich, und man kann nicht ernten. Wie kann man sich bloß die Hände während der Erntezeit waschen? Wo hast du denn diese Idee her?"

Die Hände sind ohnehin in einem Zustand, in dem man sie nicht waschen kann. Sämtliche Fingergelenke sind zerschunden. Finger und Hände sind mit Fetzen umwickelt. Die Mahlzeiten ißt man mit den verbundenen Händen. Die Schmutzschicht darüber ist fast so dick wie die Hand selbst. Und wie kann schon das Gesicht aussehen, wenn man die Hände nie in Wasser taucht? Die Lippen sind aufgesprungen. Niemand rasiert sich. Junge und Alte sind bärtig; Haare und Bart von Schmutz verklebt.

Es ist nicht einfach, die Kleidung zu beschreiben. Wovon soll man zuerst sprechen: von der kohlschwarzen Farbe unter den Achseln des Arbeitshemdes? Vom Schmutz, der an den Schultern aus dem Stoff dringt? Oder von der Hose, von der man bei Bedarf einfach einen Streifen herausreißt, um einen Finger zu verbinden? Und dabei gibt es ein Gesetz, das zivilisierte Kleidung vorschreibt. (Gemeint sind die von Atatürk eingeführten Gesetze, die das Tragen westlicher Kleidung vorschreiben. A.d. Ü.) Ich weiß nicht, wo ich anfangen soll zu erzählen.

Der siebente Himmel

Es ist wieder warm, und die Frauen freuen sich darüber. Die Starre des Winters läßt allmählich nach. Sie nehmen die Wärme in sich auf und beleben sich. Sie kommen aus den Häusern und lassen sich am Fuß der Mauer nieder. Aber an dieser Stelle verrichtet man auch seine Bedürfnisse, und so riecht es abscheulich.

Sie nehmen Fes und Schleier ab, eine jede legt ihren Kopf auf die Knie einer anderen. Und dann lausen sie sich nach Herzenslust bis zum späten Abend. Sie zerdrücken die Läuse mit den Nägeln: „Habt keine Angst, daß ihr dieses Gezücht vertilgt!"

Die Köpfe stinken, die zerzausten Haare färben sich rot mit Blut. Die Nägel und Fingerspitzen sehen aus wie zerquetschte Sperlingsköpfe. Hände und Füße scheinen aus pechschwarzem Stein gemeißelt. In der Sonne schmilzt die Schmutzschicht der Gesichter und von den Schläfen rinnt schwarzer Schweiß.

Ich gehe mit dem muhtar vorüber. Sie erheben sich eilig und setzen rasch ihre Mützen und Schleier zurecht.
„Was tun die denn da?"
„Sie lausen sich. Es ist Frühling."
„Können sie sich denn nicht in den Häusern lausen?"
„Kann man denn jetzt zu Hause bleiben? Drinnen ist es eiskalt. Jetzt sind für die da die Hausecken der siebente Himmel."

Die Reinlichkeit

Seit ich in dieses Dorf gekommen bin, wasche ich mich im Stall des Gefreiten Gani. Ich habe nur selten Gelegenheit, in die Kreisstadt zu kommen. Es gibt schließlich kein Beförderungsmittel dorthin.

Im Stall, wo ich mich wasche, stehen zehn Stück Vieh. In einer Ecke ist ein schmutziger Stein. Beim Waschen setzt man sich auf diesen Stein, und das Vieh sieht einem dabei zu. Die Füße stecken einem dabei knöcheltief im Schmutz.

Wenn man Holzpantoffel trägt, bleibt man stecken und kann nicht mehr heraus. Wenn man ein Brett braucht, kann man lange im ganzen Dorf danach suchen; man findet nicht das kleinste Stückchen. Ob man nun will oder nicht: man muß durch diesen Schmutz waten, um sich zu waschen.

Und wohin soll man mit der Kleidung? Auch das ist ein Problem. Nach langem Überlegen habe ich endlich eine Lösung gefunden: Ich ziehe mich hinter der Tür aus und reiche die Kleidungsstücke einzeln dem Ismail. (Das ist des Gefreiten Gani Neffe) Er legt sie dann an einen sauberen Platz im Heuspeicher. Dann ramme ich einen Pflock in den Boden und hänge meine Unterwäsche und die Handtücher darauf. Wenn ich fertig bin, rufe ich Ismail und lasse mir von ihm meine Kleidung rüberreichen.

Wenn ich sage, daß ich mich wasche, so darf man das nicht so wörtlich nehmen. Im Haus gibt es keinen Ofen. Man setzt also einen Tonkrug auf das Feuer. Das Wasser braucht viele Stunden, um lauwarm zu werden. Und damit muß man sich dann waschen, wenn man es zustande bringt.
So beeile ich mich, so rasch wie möglich aus dem eiskalten Stall herauszukommen, sobald ich mich ein wenig abgespült habe. Und wie sollte man nicht fortkommen wollen? Während man sich mit lauem Wasser übergießt, tropft einem kaltes vom Strohdach auf den Rücken. Ich wundere mich, daß die Tiere es hier aushalten und nicht eingehen.

Ich wasche mich auf diese Weise. Wie machen es die anderen? Ich frage herum. Die Schüler der ersten Klasse schämen sich vor mir nicht. Ich frage fünfzig Schüler: „Wer es kalt zu Hause hat, der hebt die Hand."
Alle.
Ich frage, wer einen Waschraum hat. Es ist nur ein einziges Kind. Und das ist der Sohn eines wohlhabendes Mannes, der sein halbes Leben in der Kreisstadt verbracht hat.

Die Latrinen

Ich weiß nicht, ob man über die Latrinen im Dorf lachen oder weinen soll. Die Häuser haben keinen Hof; deshalb baut man Latrinen ziemlich weit von den Häusern entfernt. Und das hat auch sein Gutes.

Das Dorf steht auf einer kleinen Anhöhe. Deshalb liegen die Latrinen etwas weiter unten. Groß und klein, Mann und Frau, alles geht in dieselben Latrinen.

Wenn ich Latrinen sage, stellt euch also auf keinen Fall zweckmäßig eingerichtete, zivilisierte Plätze vor. Man gräbt eine Grube und schichtet rund herum zwei Reihen von Steinen auf. Das ist alles. Wenn man dort ist, dann ist man oberhalb der Knie sichtbar. Vor allem die Burschen können sich nicht an den Mädchen und Frauen satt sehen, die, den Wasserkrug in der Hand, zu den Latrinen gehen. Von den Häusern aus, die ja höher gelegen sind, sieht man ganz deutlich alles, was dort vorgeht.

Als ich neu im Dorf war, ging ich vor dem Morgengrauen zur Latrine und besuchte sie erst wieder, wenn es dunkelte. Jetzt aber habe ich mich schon daran gewöhnt. Wie alle anderen nehme ich meinen Wasserkrug und spaziere am hellichten Tag zwischen einer Menschenmenge hindurch zum Abtritt. Der Mensch gewöhnt sich doch an alles.

Unsere Latrine gehörte vorerst zu vier Häusern. Dann kam auch unseres noch dazu, das macht fünf.

Eines Tages ging ich geradewegs hinein und bemerkte plötzlich, daß eine Frau darinnen war. Ich war ganz verwirrt vor Scham. Sie lachte darüber, aber ich hätte am liebsten geweint.

Die Füße

Kaum fünf Prozent der Frauen in unserem Dorf tragen Schuhe. Die übrigen gehen barfuß. Sie gehen sogar im Winter in Schlamm und Schnee barfuß zum Wasserholen.

Die Mädchen sind zwar barfuß, aber auf dem Kopf tragen sie

eine niederdrückende Last: einen schweren Fez, gestickte Kopftücher, Quasten, Pailletten, Flitter, Perlen und ähnlichen Firlefanz.

Die Füße sind dieselben Füße, die im Sommer zur Ernte aufs Feld gehen, die aufspringen und schließlich hart wie Stein werden. Man kann sie vor lauter Schmutz kaum noch sehen.

Der Doktor Ceyhun Atuf Kansu wollte in einem Dorf erforschen, warum die meisten Frauen Kreuzschmerzen hätten. Wenn in jenem Dorf die Frauen auch barfuß liefen, war das vielleicht der Grund.

Ein Traum

Im Dorf gab es einen Mann, der wohltätig war: Meister Emin. Er grub in der Mitte des Dorfes eine Stelle auf, aus der seit Jahren schon Wasser sickerte. Heraus kam gutes Trinkwasser. Er vollbrachte diese Arbeit ganz allein. Er suchte keinen Tagelöhner, aber er konnte unter den Leuten, die an den besonnten Mauern herumlümmelten und nichts taten, keinen einzigen finden, der bereit war, zu arbeiten.

Und jene, die sich nicht um Meister Emin geschert hatten, als er allein geschuftet hatte, kamen nun mit Kübeln und Krügen gelaufen, als sie sahen, daß Wasser aus dem Rohr floß.

Aber es dauerte nicht lange, da ging ein Gerücht um. Der in unseren Nachbardörfern berühmte Necati Hoca soll einen Traum gehabt haben: Die Engel zürnten über die Sache. Ein großes Unglück würde von oben über das Dorf kommen. Jenes Wasser sei nicht heilbringend.

Bei so viel Vorsehung hätte das Wasser versiegen müssen. Aber es versiegte nicht. Denn der Ausdruck „die fließenden Wasser versiegen" bedeutet soviel wie, daß sich alles einem bestimmten Willen oder einer Notwendigkeit fügen muß. Sogar das Wasser hört dann zu fließen auf.

Auf dieser Welt ist nun einmal jeder auf seinen eigenen Vorteil bedacht. Ein Kluger deutete den Traum auf seine Weise: „Ach, Efendi, der Hoca hat diesen Traum erfunden, damit weniger Leute Wasser holen und seine Leute schneller an die Reihe kommen."

Und diese Post!

Anfänglich machte ich mir deswegen große Sorgen, aber jetzt habe ich mich schon daran gewöhnt. Briefe und Zeitungen, die im Sommer aufgegeben wurden, erreichen mich im Herbst; die im Herbst aufgegebenen kommen im Winter oder im Frühjahr an. Jetzt scheint mir das ganz selbstverständlich. Woran kann sich der Mensch nicht alles gewöhnen?

Auch dafür bin ich schon dankbar. Hätte ich nicht in der Kreisstadt eine Mittelsperson angegeben, dann ginge meine Post gänzlich verloren. In der Post haben sie einen Schrank, dort werfen sie alles hinein, was ankommt. Und dort warten die Briefe wochen- und monatelang, bis jemand sie abholt.

Ich bekomme also meine Post durch eine Mittelsperson, und das ist schön und gut. Aber die Bücher und Zeitschriften, die für mich bestimmt sind, bleiben in Händen des Empfängers; sie werden geöffnet, an Freunde verteilt. Wenn ich in den Ort komme, dann muß ich sie einzeln suchen und einsammeln. Alle meine Briefe sind geöffnet und gelesen worden. Wenn sich unter den Zeitschriften ein Heft befand, das den Leuten nützte, so verschwindet es. Hätte ich einen Bauern gebeten, die Post von der Kreisstadt ins Dorf zu bringen, dann könnte ich die Schuld auf ihn schieben. So aber hole ich sie selbst und als ich sah, wie es zuging, beschwerte ich mich vorsichtig: „Leute, ihr öffnet und lest die Bücher. Ich habe nichts dagegen, lest sie.

Aber beschädigt sie nicht, verliert sie nicht. Es ist eine Sünde!" Sie wurden sehr böse: „Eh, red' nicht so viel, sonst kommt das nächstemal überhaupt nichts mehr in deine Hände!"

Am 28. April wurde mir aus Istanbul ein eingeschriebener Brief geschickt. Als ich nach drei Monaten einen zweiten Brief bekam, der nach der Beantwortung des ersten fragte, ging ich zur Post. Nach langem Suchen fand ich den Brief unter dem Schrank. Wäre ich nicht selber gekommen, um den Brief zu suchen, dann wäre er vielleicht während einer Renovierung oder eines Umzugs zum Vorschein gekommen. Aber nach wie vielen Jahren?

Ich frage den Postbeamten: „Warum habt ihr so lange damit gewartet?"
„Du tust ja so, als hätten wir nichts anderes zu tun, als uns bloß um deinen Brief zu kümmern", erwiderte er mir zornig.

Die Namen

Nicht einmal zehn Leute im Dorf werden mit ihren eigentlichen Namen gerufen. Die Leute werden mit Spitznamen gerufen. Jeder erhält einen zu ihm passenden, ihn bezeichnenden Spitznamen; mit diesem Spitznamen wird er angeredet und erwähnt. Das geht so weit, daß sein eigentlicher Name vergessen wird. Es gibt sogar Leute, die, wenn sie gefragt werden, ihren wirklichen Namen gar nicht mehr wissen. Besonders die Jüngeren kennen die Alten des Dorfes nur dem Spitznamen nach. Woher sollten sie auch die wirklichen kennen? Die Alten wiederum kennen die Namen der Jungen nicht. Die angehängten Namen der Großväter werden ohnehin zu den Namen der Enkel. Ich will Ihnen nun einige dieser Spitznamen aufzählen:
Kulbulu (Mann mit Kartoffeln), Sohn des Alan, Idali (vom Berge Ida), Bıldırı (vom vorigen Jahr), Horşün (mit Blutegeln), Holu (der einzige Sohn des Hauses, das einzige Ei, das im Nest

liegt, um die Henne zum Eierlegen aufzumuntern), Dinkiri (Klang des Tamburins), Karaca (Schwärzlicher, Dunkler).

Manchmal frage ich Großmütter und Großväter nach den Namen ihrer Enkel. Sie können sich nicht erinnern, ohne vorerst lange nachzudenken. Und die Namen, die ich herausgefunden habe, nützen mir auch nichts. Ich muß sie mit Spitznamen anreden, wenn ich ihnen etwas sagen will.

Diese Schwierigkeiten werden vor allem beim Einschreiben der Kinder in die Schule deutlich. Besonders im ersten Jahr, als ich gekommen war, war ich völlig verblüfft. Neben den Spitznamen werden die wirklichen Namen der Kinder in einer Kurzform oder völlig verballhornt ausgesprochen.

„Wie heißt du?“ frage ich das Kind.
„Hassik“ antwortet der Knabe.
Ich frage die Eltern. Sie geben mir dieselbe Antwort.
„Sollen wir nun Hassik schreiben?“
„Man hat ihm den Namen seines Großvaters gegeben. Er ist der Enkel von Hassik Ağa.“
Nach vielen Nachforschungen erfuhr ich später, daß sämtliche Hassik im Dorf den entstellten Namen von Hassan oder Hüsseyin tragen. Hassan, Hüsseyin steht nur in den Büchern der Behörde. Die Dorfbewohner glauben, daß Hassik der eigentliche und richtige Name sei.

Einmal ging ich in das Dorf Çimli. Da es nachts geregnet hatte, hatten sich vor dem Schulhaus viele Tümpel gebildet. Während ich dort umherging, bückte sich eines der Kinder und trank das schlammige Wasser. Der Lehrer mußte verboten haben, solch schmutziges Wasser zu trinken, denn eines der Kinder schrie:
„Horruk trinkt Wasser. Jetzt gehe ich und erzähle das dem Lehrer!“
Ich fragte den Lehrer, ob dieser Name wohl auch in den Büchern eingetragen sei.

Er antwortete:
„In diesem Dorf gibt es kein Geburtenregister. Die Namen der Kinder und auch der Alten lauten so: Horruk (lautmalerische Nachahmung des rinnenden Wassers), Şaplak (Nachahmung des Klanges einer Ohrfeige), Köşköş (Lockruf für Hühner), Çullu (einer, der Fetzen trägt), Moroğlan (der Violette). Die Väter haben ebenfalls solche Namen: Ayran (Joghurt mit Wasser verdünnt), Tönbe (kleiner Haufen, Hügel), Biyik (Schnurrbart), Ibalı (aus dem Stamm Iba), Fosur (der viel raucht), Gamuk (der verballhornte Name von Ramazan).

Der muhtar

Die erste Voraussetzung, um muhtar werden zu können ist, wohlhabend zu sein. Außerdem muß man viele Freunde und Verwandte haben; die Armen, die auf ihn angewiesen sind, müssen gesenkten Hauptes seinen Weg säumen und ihm ihre bittenden Hände entgegenstrecken. Auf diese Weise kann man Stimmen gewinnen und zum Dorfältesten gewählt werden. Ob jemand auch die Fähigkeiten besitzt, um sein Amt auszuüben, daran denkt keiner. Wer den Stempel besitzt, der hat auch die Weisheit.

In vielen Dörfern gibt es Leute, die aufgeschlossen sind und beim Militär so recht und schlecht Lesen und Schreiben gelernt haben. Trotzdem werden nicht sie zum muhtar gewählt, sondern irgendein Ungebildeter. Wenn einer einmal gewählt ist, so festigt sich seine Stellung als Ağa und „der Hals der Armen wird noch dünner" – was soviel bedeutet wie: daß der Stärkere ihm den Hals brechen kann, wenn er will. „Mähe bei mir vier Tage lang, und ich werde dich nächstes Jahr als Feldwächter anstellen!" Auf diese Weise kann der muhtar kostenlos für sich arbeiten lassen. „Es gibt im Dorf belesene und kluge Leute. Warum wählt ihr nicht einen von denen?"
„Was kann man machen, Efendi? Es gibt ständig Fremde, die ins Dorf kommen. Wie könnte der muhtar sie beherbergen und

bewirten, wenn er arm ist?" Auf Grund einer Aussage des englischen Historikers Toynbee, der kürzlich unser Land bereiste, und der feststellte, daß zwischen unseren Städten und Dörfern ein Abgrund klaffe, wurde eine Umfrage gemacht. Ein Lehrer antwortete: „Wenn sich das Niveau unserer Dörfer heben soll, dann müßten die Dorfältesten zumindest die Mittelschule abgeschlossen haben. Wenn aber der muhtar ein Viehhüter ist, dann ist alle Mühe umsonst." Ich lese das dem muhtar vor.

„Der Mann hat recht", sagt er. „Wovon haben wir denn eine Ahnung? Wenn man muhtar ist, dann ist man es und damit Punktum. Der Schreiber liest mir manche Gesetze vor, er erklärt sie mir. Ich nicke und er glaubt, ich habe sie verstanden." Der Lehrer, der die Umfrage beantwortete, muß recht haben: Bei uns gibt es ein Sprichwort, das sagt: „Wenn sich der Kopf nicht hebt, dann kommt auch der Hintern nicht in die Höhe." Ist denn der muhtar nicht der Kopf des Dorfes?

Streit und Schlägereien

Oft, wenn man die Ursache einer Rauferei, die mit Totschlag geendet hat, ergründen will, dann entdeckt man, daß sie so winzig ist, daß man damit nicht einmal eine Nußschale hätte füllen können. Bei der kleinsten Meinungsverschiedenheit können Messer und Pistolen gezogen, Köpfe und Augen eingeschlagen werden. Das alles ist ganz alltäglich. Darauf folgt die Blutrache, die generationenlang dauern kann: „Dein Onkel hat dann und dann meinem Onkel das und das angetan. Soll ich dir vielleicht seine Rache schenken?" . . . Ganz kleinen, unschuldigen Kindern werden solche Ideen bereits eingeimpft; sie wachsen damit auf. Zwischen den gegnerischen Parteien kommt es zu einer endlosen Folge von Morden und Verbrechen.

Zum Beispiel: man verlobt den „verrückten Mehmet". Seine Freunde verlangen von ihm, daß er sie bewirtet, sie erwarten helva (eine Süßigkeit) von ihm. Sie geben ihm keine Ruhe. „Jetzt geht es nicht. Warten wir doch, bis das möglich ist, bis die Zeit dafür gekommen ist." Er gebraucht solche Ausflüchte, aber ohne Erfolg. Zum Schluß kann er die ständigen Witzeleien und den Spott nicht mehr ertragen, er greift nach dem Rasiermesser und sticht Ahmet, den Sohn des Molla Hassan, in den Hals. Ein Tumult bricht aus. Schließlich zahlt die eine Partei ein Bußgeld, damit man auf die Klage verzichtet, und die andere Partei erfindet eine Ausrede und begibt sich auf den Weg ins Spital.

Ein anderer Unfall: Der Hund des Kundali und der Hund des Weißen Recep fangen zu raufen an. Ich beobachte, wie im Nu der Teufel los ist. Schimpfworte, die man nicht in den Mund nehmen kann, fallen zu Tausenden. Das Genüßliche an der Sache ist eigentlich, daß derjenige, der die meisten und schwersten Schimpfwörter gesagt hat, als Held hervorgeht. Je mehr sie schimpfen, desto mehr regen sie sich gegenseitig auf. Sie sind nun vom Brüllen schon beide heiser geworden. Alle Dorfbewohner haben sich versammelt und stacheln den Streit an. Und wie meistens dauert es auch hier nicht lange, bis die Messer und Pistolen zum Vorschein kommen. Die Steinwürfe der Frauen und Kinder sausen durch die Luft. Jene, die sich einmischen, um die beiden Streitenden voneinander zu trennen, nehmen rasch die Gelegenheit wahr, um selber einige Püffe auszuteilen.
Der Weiße Recep greift zur Pistole, Kundali zieht sein Messer, und es geht los, was das Zeug hält. Die Zahl der Verwundeten ist ungewiß.

Am nächsten Tag muß man entweder sein Hab und Gut verkaufen, um Schmiergelder zu bezahlen, oder sich vor den Türen des Gerichts herumdrücken.

Und was war eigentlich wirklich geschehen? „Warum hat Kundali, als er die Hunde trennte, nicht zuerst seinen Hund geschlagen?"

Wir sind unterwegs zum Dorf Alayhan. Und als ob sie auf uns gewartet hätten, ist das erste, was wir unterwegs sehen, eine Schlägerei:
Der Kahle Hassan und der Sohn des kleinen Hoca Durmuş hatten beim selben Schreiner eine Kiste bestellt. Die Kisten sind zwar gleich groß, aber in dem von Spinnweben verhangenen, feuchten Geschäft fingen sie zu wetten an, während sie Domino spielten: „Meine Kiste faßt mehr." Zuletzt beschließt man, die Kisten auszumessen. Wessen Kiste mehr faßt, der soll dem anderen ein Kilo Bonbons kaufen. In diesem Augenblick mischt sich ein Dritter ein: „Bemüht euch nicht umsonst", sagte er, „nehmt hier das Geld für ein Kilo Bonbons und hört mit diesem Gerede auf." Dadurch war die Ehre dieser beiden Leutchen beträchtlich gekränkt: „Verdammt, wenn meine Kiste nicht mehr faßt, dann soll mein Weib. . ." – „Und ich soll meine Mutter auf dem Weg nach Mekka vergewaltigen, wenn ich nicht jene Kiste zerschlage, wenn meine Kiste weniger fassen sollte!" . . . und so fort. Die Angelegenheit wird ernster, man greift zu Dolchen, Revolvern.

Das ganze Dorf versammelt sich vor dem Laden. Der Bruder des kleinen Hoca schießt auf den Sohn des Kahlen Hassan. Es gibt unzählige Verwundete. Gleichzeitig erfahren die Kinder, die zur Mittagspause aus der Schule kommen, von dem Ereignis. Wie könnte es anders sein, daß auch sie zwei Parteien bilden und aufeinander losgehen?

Das Ergebnis: der Sohn des Kahlen Hassan kommt in hoffnungslosem Zustand ins Spital. Der, der ihn erschossen hat, kommt ins Gefängnis. Es wäre noch gut, wenn das damit ein Ende hätte. Aber es ist nicht abzusehen, wer von jetzt ab wem bei günstiger Gelegenheit einen bösen Streich spielt.

Ich frage den Vater des Erschossenen:
„Hassan Aga, warum geschah das alles?"
„Mein Sohn, wenn du nach dem wirklichen Grund fragst, dann sind die Kiste und ähnliches nur Vorwände. Jeder versucht, die

Gärung in seinem Leib loszuwerden, er sucht das Kalb unter den Ochsen. (Dieser Ausdruck bedeutet soviel, daß man unmögliche Dinge behauptet, um einen Streit vom Zaun zu brechen. Das Kalb ist gewöhnlich bei der Kuh. – A.d.Ü.)

Die Zigarette

Genau wie die primitivsten jungen Leute in Stadt und Provinz, fangen sie auch schon im Dorf mit sieben Jahren an zu rauchen und gewöhnen sich daran. Man kann bei Kindern mit geflickten Hosen, für die kein Geld für Tee aufzutreiben ist, wenn sie einen Malariaanfall haben, bestimmt eine Packung Zigaretten finden, wenn man ihre Taschen durchsuchte. Sie sind Opfer des Monopols. (Gemeint ist das staatliche Monopol für Tabak und Alkohol.)

Man behauptet, daß jemand, der diesem Laster einmal verfallen ist, nur sehr schwer oder gar nicht davon wieder abzubringen sei. Trotzdem habe ich mich darum bemüht. Weil ich weiß, daß Bauern Gedrucktes als heilige Wahrheit hinnehmen, habe ich einige Auszüge aus der Zeitschrift des Grünen Halbmondes (der Grüne Halbmond ist eine Gesellschaft, die gegen Alkohol und Nikotin Propaganda macht) vorgelesen. Ich habe besonders diejenigen, denen der Hunger aus den Augen sah, zu überzeugen versucht. Es gelang mir, fünf bis zehn Leute davon abzubringen. Sie rauchen seit einem Jahr keine einzige Zigarette mehr. Sie sagen: „Wir haben auch körperlich ein großes Wohlbefinden erfahren. Der Husten fällt uns nicht mehr an. Unsere Brust ist wie ein Palast."

Unter diesen Leuten ist auch der Große Mustafa, der Hirt. In seinem Haus gibt es weder Einrichungsgegenstände noch etwas Eßbares. Von den Besitzern der Kühe, die er hütet, erhält er jeden Morgen einen Brotlaib. Dabei hat er acht Söhne. Die beiden ältesten sind Schäfer in der Ebene von Haymana. Unser Hirt vertat sein ganzes Einkommen mit Zigarettenrauchen. Seit seiner Jugend brauchte er täglich zwei Schachteln. Seine Lippen, seine Finger, sein Gesicht – alles war gelb. Dabei war er früher der beste Ringkämpfer der ganzen Umgebung gewesen. Er hat gewaltige Knochen!

Zwei seiner Söhne haben wir mit Gewalt zur Schule gebracht. Wochen und Monate vergehen, und die Kinder halten kein Heft und keinen Bleistift in den Händen. Er sagt: „Sollen sie doch gehen und kommen. Sie werden trotzdem nicht Gouverneure werden, wenn sie Lesen und Schreiben gelernt haben."

Mit diesem Mann hatte ich die meiste Mühe, ihm das Rauchen abzugewöhnen. Schließlich schien er so sehr beeindruckt worden zu sein, daß er mir sein Etui, eine Farbschachtel, hinwarf, aufstand und schwor. Die Schachtel war randvoll mit Tabak gefüllt. Sofort warf ich die Schachtel in den Herd und verbrannte sie. Die Kinder, die seit vier Monaten ohne Hefte waren, bekamen endlich, was sie brauchten, und sein Gewissen beruhigte sich. Er brachte mir sogar vier weitere Schachteln, die er zu Hause als Reserve aufbewahrt hatte, und wir tauschten sie im Laden gegen Bleistifte, Hefte und anderes. Der große Mustafa sagte:
„Früher war ich wie ein Toter, jetzt bin ich stark wie ein Nagel. Wo du mich hintust, dort dringe ich durch!" (Wie ein Nagel sein, das bedeutet soviel wie: kräftig, gesund sein. –A.d. Ü.) So prahlt er. Und wenn er mich sieht, so ruft er Gottes Segen auf mich und meine Mutter herab.

Zwischen all den Qualen freue ich mich über diese kleinen Wohltaten wie ein Kind. Sie wecken in mir die Hoffnung, morgen etwas Größeres unternehmen zu können.

Während ich darüber nachdenke, zerreißt es mir das Herz: Es fehlt uns am Notwendigsten für das tägliche Leben, etwa an Nadeln, Zwirn, Streichhölzern und ähnlichem. Und wir finden uns mit all diesen Entbehrungen ab. Im Krämerladen des Dorfes, der vor Feuchtigkeit riecht, in dem sich nichts anderes als drei steinerne Nachttöpfe und zwei zerbrochene Zuckerkisten befinden, stehen reihenweise die Rakiflaschen und die Zigarettenschachteln. Wie traurig, daß das Volk das Geld, das es für tausend Bedürfnisse so nötig braucht, in diese Gifte hineinsteckt.

Der Wert der Frau

So groß die Achtung der Jüngeren vor den Älteren auch ist, die Achtung, die die Frau ihrem Mann erweist, ist um ein vielfaches größer. Im Gegensatz zum zivilisierten Leben, wo man der Frau einen großen Wert beimißt, hat die Frau im Dorf in den Augen der Männer fast keinen Wert. Höchstens, daß ihn in der ersten Zeit der Ehe ein wenig ihre Sexualität interessiert.

Die Frau wird zur Sklavin ihres Mannes. Es kommt nie vor, daß sie eines seiner Worte nicht befolgt. Der Mann räkelt sich im Bett und gibt Befehle: „Frau, mach das so und jenes so. . .". Aber es ist nicht gestattet, daß die Frau auch einmal sagt: „Mann, und das da soll so sein. . .".

Der Charakter und die Ehrbarkeit der Frau werden am Grad der Achtung gemessen, die sie ihrem Mann entgegenbringt. Der Mann prügelt, schlägt und beschimpft sie, er kann ihr sogar Arme und Beine brechen, er bringt sie zum Weinen – gleichgültig, was geschieht, sie darf nicht aufbegehren.

Sie bemüht sich, ja nichts zu tun, was ihr Mann verboten hat. Aber oft, wenn ihr Mann sie ganz grundlos, aus einem ganz widersinnigen Anlaß, schlägt, kann die Frau gar nicht erkennen, was sie tun und lassen muß. Der Bauer kennt den Begriff „Lebensgefährtin" nicht. Mit zunehmenden Jahren verliert die Frau auch ihren sexuellen Reiz, und damit ist sie erledigt.

Die verborgenste Körperstelle der Frau soll ihr Mund sein. Sie verhüllt ihn mit dem Schleier, den sie auf dem Kopf trägt. Nur beim Essen darf sie den Mund freimachen. Und sie ißt nicht mit ihrem Mann. In ein und derselben Familie essen Frauen und Männer getrennt ihre Mahlzeiten. Auch die Stimme der Frau ist geheim. Es ist ihr nicht erlaubt, mit irgend jemandem zu sprechen. Vor allem, wenn sie ein junges Mädchen oder jungvermählt ist, darf sie Männern oder Frauen gegenüber, die älter sind als sie, besonders vor Verwandten, nicht einmal durch ein Zeichen mit den Händen oder dem Kopf einen Wunsch äußern. Sie darf sie auch nicht ansehen. Wenn es wahr ist, daß wir einst in der anderen Welt Rechenschaft geben müssen über unsere Äußerungen in dieser Welt, dann sind die Frauen des Dorfes gut daran.

Als der Schwarze Niyazi seine Frau mit entschleiertem Mund vor einem Haus, in dem Hochzeit gefeiert wird, unter den Leuten stehen sieht, läuft er sofort ins Haus und holt einen Hackenstiel. Obwohl die Frau ihren unversehens entschleierten Mund wieder bedeckt hatte, schlug er sie vor allen Leuten zum Krüppel.
Da gräme sich einer über diese Tyranneien und mache sich ein Problem daraus, wenn er nichts Besseres zu tun hat!

„Ist das nicht eine Schande?“ fragte ich ihn.
„Was für eine Schande? Ist das für *mich* oder für sie eine Schande? Wenn sie schon so minderwertig ist, dann soll sie es wenigstens wissen!“ antwortete er.

Manchmal kommt eine zu mir, um für ihre Kinder freizunehmen oder um ihre Krankheit zu melden. Was sie zu sagen hat, bringt sie mit Hand- und Kopfbewegungen vor. Sähe sie jemand, der die hier üblichen Sitten nicht kennt, der würde glauben, daß die Arme von Geburt an taubstumm ist.

Dann gibt es auch noch die Sitte, „den Bart zu ehren“. Gleichgültig, wie alt die Frau ist, sie muß den Bart ehren und Rücksicht üben, und zwar bei allen Männern, die über sieben Jahre alt sind. Wenn man unterwegs ist, und eine Frau zweihundert

Schritt vor einem hergeht, dann wartet sie, bis man sie überholt, gleichgültig, ob sie nun eine Last trägt oder nicht. Es gibt da nämlich einen Ausspruch, der jedem auf der Zunge liegt. Wehe, wenn die Frau zerstreut war und dem Mann vorangegangen ist. Sofort wird ihr angehängt: „Die hat aber eine scharfe Schere!" (Das bedeutet: Sie ist eine selbständige, emanzipierte Frau).

Die Frau fürchtet sich dermaßen vor solchen Worten, daß, wenn man ihr auch sagt: „Wir werden nachkommen. Warte nicht, sondern geh weiter!", sie nicht weitergeht, sondern wartet. Sie geht dem Manne langsam nach, ebenso wie die Parias in Indien.

Mein Onkel Hüssein und seine Frau die Lange Anşa, gehen einmal in die Stadt zum Arzt. Der Arzt fragt: „Was fehlt dir?", und er bekommt außer dem Zeichen mit dem Kopf keine Antwort. Nachher erzählt uns ihr Mann: „Einmal in vierzig Jahren (soll heißen: nach langer Zeit) kommen wir in die Stadt. Ich dachte mir: ‚Willst du nicht dem Weib helva kaufen?' und gehe in ein Geschäft." Als er sich umdrehte, was sah er da. Die Frau hatte ihr Gesicht der Mauer zugewendet, Mund und Gesicht unter dem Schleier verborgen, und wartete, zitternd vor Scham. „Mädchen, warum kommst du nicht?", fragte mein Onkel. „Aber Mann, wie soll ich den Bart von so vielen Männern schneiden (mißachten) und kommen?"

Die Kinder

Es scheint, daß Menschen, die fern von jeder Gemeinschaft leben, verwildern. Wir haben drei Nachbarn, die in der Umgebung unserer Schule leben. Jeder von ihnen hat drei bis fünf Kinder. Die Bewohner dieser Häuser, die abseits vom Dorf liegen, sind im Vergleich zu den anderen Dorfbewohnern sehr rückständig in ihrer Lebensweise. Im Winter verlassen sie nur dann das Haus, wenn sie ein Bedürfnis verrichten müssen. Da sie keine Latrine haben, müssen sie das draußen erledigen. Seit zwei Jahren kreisen meine Gedanken um die Kinder in diesen Häusern. Wann immer ich auch in jene Richtung blicke – die Kinder kauern direkt vor der Tür und beschmutzen die Stelle. Sie sind mit nichts anderem als mit einem Unter- und Oberhemd bekleidet. Eine Hose haben sie nie gesehen und wohl schon gar nie angezogen. An kalten Tagen schlüpfen sie rasch ins Haus, sobald sie ihre Notdurft verrichtet haben. An sonnigen Tagen sonnen sie sich ein wenig am Fuß der Mauer.

Auch die Erwachsenen dieser Häuser kauern sich ebenso wie die Kinder vor die Mauer. Danach kommen die Frauen und bedecken die Haufen mit Asche aus dem Herd. Zwischen der Tür und dem Unrat sind es kaum zwei Schritte. Sobald die Tür des Hühnerstalles geöffnet wird, stürzen sich die Hühner auf die Beute. Sie zerwühlen und zerstreuen alles und füllen ihre Kröpfe. Ein Teil des Kotes gerät auf diese Weise auch in das Haus. Bis jetzt habe ich noch nie gesehen, daß sie diesen Schmutz mit Besen und Schaufel gesammelt haben. Bis zum Frühjahr häuft sich vor der Tür ein Hügel. Und im Frühling verwenden sie es als Dünger für das Gemüse. Von diesen Kindern sind drei verwildert. Es gelang mir nur mit großer Mühe, sie in meine Nähe zu locken. Aber ich konnte nicht ihre Zungen lösen. Erst allmählich, als wir uns eine Weile durch Zeichen verständigt hatten,fingen sie an, einige Worte zu sprechen.

Wenn ich ihnen durch ein Zeichen zu verstehen gab, ich wollte ihnen Bonbons geben, dann liefen sie schnurstracks auf mich zu. Sie trieften nur so vor Schmutz und Fett. Denen, die sich mir näherten, schnitt ich die Nägel und wusch ihnen einige Male Hände, Gesicht und Füße. Eines Tages kam ihr Vater verlegen zu mir: „Efendi, ich habe eine Bitte an dich", sagte er. „Gewöhne diese Kinder nicht hierher. Jage sie fort: sie sollen woanders hingehen. Gib ihnen keine Bonbons und Ähnliches, verwöhne sie nicht. Ihr Charakter wird dadurch verdorben. Sie werden neue Dinge lernen, und das ist schlecht."
Ich sprach mit ihm über den Schmutz. Er sagte:

„Seit ich denken kann, ist das so. Was du da sagst, ist wahr. Aber, Efendi, man sagt: ‚Der Zustand ist das Maß, womit man die Verhältnisse mißt.' Du weißt ja, daß die Füße aller unserer Hausbewohner bloß sind. In der Kälte können sie nicht weiter gehen."

Sterbende und Überlebende

Einer meiner Nachbarn hat neun Kinder. Er faßte Zutrauen, kam mich öfters besuchen, und wir plauderten. Eines Tages kam er am Nachmittag zu mir. Er hatte sich 350 Lira von der landwirtschaftlichen Kreditgenossenschaft ausgeliehen. 250 Lira hatte er gebraucht, um damit andere Schulden zu begleichen, die damit aber noch nicht abgezahlt waren. 100 Lira hatte er beiseite gelegt, um damit eine Teilzahlung beim Viehhändler zu leisten. Er sagte: „Soll er sich doch vorläufig damit begnügen. Der Rest wird, wenn man weiterspielt, bestimmt ein Lied ergeben." (Das heißt: Mit der Zeit wird sich schon ein Ausweg finden. A.d.Ü.)

Ich setzte mich hin und schrieb einen Brief an den Viehhändler. Der Mann wollte noch in dieser Nacht in die Kreisstadt gehen und den Brief zusammen mit dem Geld bei der Post nach Nevşehir aufgeben. Nachdem ich den Brief geschrieben hatte, wäre es für ihn an der Zeit gewesen, zu gehen. Aber er konnte sich nicht dazu entschließen, sondern überlegte verwirrt, was er für das Briefschreiben Gutes tun könnte. Schließlich nahm er den Tonkrug: „Ich werde den Inhalt ausleeren und mit frischem Wasser füllen", sagte er und ging.

Eine Weile danach kam sein Kind und brachte den vollen Krug. Es weinte bitterlich.
„Mein Vater läßt dich rufen", sagte der Knabe.
Ich war ganz erstaunt. Bis jetzt hatte ich noch niemandes Haus betreten. Ich hatte dort nichts zu tun. Wer etwas von mir wollte, kam her, und wir erledigten alles bei mir. Das Kind weinte

immer noch. Ich lief also zu ihrem Haus, besorgt, was mich nun dort erwartete. Ich sah folgendes: Der gute Mann saß auf einem Fetzen vor dem Herd. Seine Frau stützte ihn in dieser Stellung, damit er nicht fiele. Sie weinte. Die Kinder hatten sich auf den Boden geworfen, wälzten sich und heulten. Es war ein Chaos! Ich fühlte seinen Puls. Nach fünf Minuten war er tot.

Vor ihm lag das Tischtuch ausgebreitet. Nachdem er mich verlassen hatte, hatte er sich Brot geben lassen und auch eine Zwiebel aufgebrochen. (In Anatolien essen die Bauern als Mahlzeit Zwiebeln zum Brot. Sie schneiden sie nicht auf, sondern schlagen mit der Faust auf die Spitze. A.d.Ü.)

„Er hat kaum drei Bissen davon essen können, Bruder", sagte die Frau. „Es war ihm auf Erden nur so viel beschieden. Was können wir tun?"

Inzwischen hatte das Kind, das mir den Krug gebracht hatte, die Nachricht im Dorf verbreitet. Alle Nachbarn versammelten sich. In ihren Nachrufen führten sie seine ganze Vergangenheit und Zukunft an. Man konnte zwar nicht verstehen, was jeder einzelne sagte, aber von Zeit zu Zeit schrie seine Frau auf: „Wem hinterläßt du alle diese Kinder und gehst davon?"

Man brachte die ganze Nacht mit Klagen zu. Am Morgen begleiteten wir den Reisenden auf seinem letzten Weg. Doch wenden wir uns den Hinterbliebenen zu: es sind fünfzehn Personen. Der Viehhändler erhielt sein Geld nicht. Es wurde für wichtigere Schulden gebraucht. 350 Lira der Genossenschaft, 400 dem Viehhändler, das macht insgesamt 750 Lira Schulden, die der Verstorbene hinterließ.

Die Familienväter machen auf allen Seiten Schulden und kommen so recht und schlecht durch, aber wenn ein Todesfall eintritt, gerät die ganze Familie in Not und Unglück. Als ich darüber mit einem anderen Nachbarn sprach, traten mir die Tränen in die Augen.

„Kümmere dich doch nicht darum", sagte der. „Hast du denn nichts anderes zu tun? Wenn die nicht sterben, dann widerfährt denen nichts."
Ja, es ist ganz so wie in der Legende mit dem Esel des Nasreddin Hoca (des türkischen Eulenspiegel, der im 14. Jahrhundert gelebt haben soll) – wenn sie nicht sterben, dann widerfährt ihnen nichts. Und der, der mir das sagte, war einer, dem keiner den Rang an Frömmigkeit und Gottesfurcht ablaufen konnte.

Die Bevölkerung und ihr Gesundheitszustand

Meistens ist ein Mädchen, wenn es heiratet, noch nicht fünfzehn Jahre alt. Bevor noch das arme Mädchen begreift, was mit ihr geschieht, verheiratet man sie. Nach zwei Jahren ist sie dann fertig. Kaum wird sie zur Frau, so ist sie schon eine Beute der Krankheit. Viele Frauen sterben so, nachdem sie ein oder zwei Jahre krank gewesen sind. Ihnen redet man nach: „Sie ist schon krank gewesen. Nach der Heirat kam die Krankheit heraus." Für die Männer ist die Heirat ein Ruin. Genauso wie beim Vieh feilscht man auch um die Mädchen, von tausend Lira an aufwärts, bis man sich geeinigt hat.

Jene, die das Geld dafür nicht aufbringen können, werden kokmuş (Abgestandene) genannt, und kein Vater einer Tochter sieht sie auch nur an. Um dieser Bezeichnung zu entgehen, stürzen sich Väter von Söhnen bis zum Hals in Schulden und zögern auch nicht, das verlangte Geld auszuzahlen. In Familien, die das nicht leisten können, bleiben die Männer Junggesellen. Da gibt es eine bekannte Familie, die Çınarlar (Platanen). In einem Haus wohnen vier Brüder. Der Vater ist gestorben. Sie besitzen gar nichts und verdingen sich bei den anderen Leuten als Tagelöhner. Die beiden älteren sind verheiratet. Die jüngeren, der eine 32, der andere 28 Jahre alt, sind Junggesellen.

Da sie nicht imstande sind, einen Kuruş auf den anderen zu legen, können sie nicht heiraten. Der älteste Bruder hat drei Söhne, 19, 23 und 26 Jahre alt. Und obwohl sie an jede Tür geklopft haben, konnten diese sechs Junggesellen, die sich in heiratsfähigem Alter befinden, keine Frau finden. Wahrscheinlich werden sie auch nie heiraten.

Es ist sogar bekannt, daß sie aus Armut nicht heiraten können, daß diese Tatsache auch im Spiel zum Ausdruck kommt. Es gibt ein Spiel im Dorf, das heißt Igelspiel. Ein Mädchen faltet die Hände und hält sie vor den Mund, um eine Schnauze darzustellen, wickelt sich in Fetzen und wird so zum Igel. Wenn ihr das Lied, das gesungen wird, gefällt, dann hebt sie die Arme und tanzt. Gefällt ihr das Lied nicht, so bleibt sie reglos und tanzt nicht. Sagt die Sängerin: „Von den Çınarlar sind Brautwerber gekommen, Igelchen, willst du ihn nehmen, willst du ihn umarmen, mein Igelchen?", dann bleibt der Igel ganz still stehen und bewegt sich nicht.

Doch lassen wir die beiseite, die nicht heiraten konnten, und wenden wir uns jenen zu, die es zustande bringen. Die Eltern verheiraten den Jungen in aller Eile, sozusagen im Kindesalter. Er weiß nicht, was eine Frau und was Heiraten bedeutet. Er magert ab und welkt dahin. Damit wird der Sitte des Heiratens Genüge getan. Nach einigen Jahren bringt er ein Mädchen oder eine Frau, in die er sich verliebt hat, als kuma (zweite Ehefrau) nach Haus. Die frühere Frau schickt er fort oder behält sie auch, eingedenk des Sprichworts: „Ein Überfluß an Besitz sticht einem noch nicht die Augen aus." Etwas wie eine legale, offizielle Trauung ist ohnehin nicht bekannt. Sie sind alle bloß durch den Hoca verheiratet worden. Aber nur die, die etwas Geld haben, können sich eine zweite Frau ins Haus bringen. Die meisten finden vor lauter Sorgen um das tägliche Brot keine Zeit zu anderen Gelüsten, werden neben ihrer ersten Frau alt und denken sich: „Das ist mein Schicksal."

Wenn die Frau eines Mannes stirbt, und er arm ist, so bleibt die Wiederverheiratung ein unerfüllbarer Wunschtraum für ihn. Stirbt aber der Mann, und die Frau ist noch jung, so freut sich sozusagen ihr bis zum Hals in Schulden steckender Vater, und nimmt, wie eine Redensart sagt „seine Tochter am Strick und führt sie zum Markt."

Dieser Mangel an geordneten Heiratsbräuchen hat ein Abnehmen der Geburten und Ansteigen der Todesfälle zur Folge. Das ist eine feststehende Tatsache.

Heute gibt es im Dorf Demirci ebensoviele verheiratete Männer wie Witwer. Die meisten stehen schon seit zehn oder zwanzig Jahren allein. Die Zahl der Mädchen, die im Haus ihrer Väter warten, damit ein Preis für sie geboten wird, ist auch recht beträchtlich.

Todesfälle, Geburten

Ich stellte für einen Zeitraum von vier Jahren eine Statistik über Geburten und Todesfälle in dem Dorf Nurgöz auf, wo ich als Lehrer arbeitete, und für meinen Geburtsort, das Dorf Demirci. Zu diesem Zweck ging ich von Tür zu Tür, befragte den muhtar und jene, die etwas darüber wußten. Wir haben eine Liste der Familienoberhäupter, die ordnungsgemäß eingetragen sind. Statt sie hier ausführlich wiederzugeben, scheint es mir besser, die Resultate anzugeben.

In Demirci kamen in 4 Jahren 226 Geburten auf 350 Familien. In diesen Jahren starben von den Neugeborenen 181, 145 blieben am Leben. Im selben Zeitraum starben 53 von den früher Geborenen. Auf diese Weise kommen 131 Todesfälle auf 226 Geburten. Das heißt, daß sich die Einwohnerzahl des Dorfes in vier Jahren um 92 vergrößert hat.

Die meisten Kinder starben im selben Jahr, in dem sie geboren wurden. Davon starben ein Teil bei der Geburt, und ein Teil infolge mangelhafter Pflege in den ersten Monaten danach.

In dem 135 Häuser und 708 Einwohner zählenden Dorf Nurgöz kamen in 97 Häusern in vier Jahren 163 Kinder zur Welt. Davon sind 67 gestorben und 96 am Leben geblieben. In diesem Zeitraum sind wiederum 40 Alte gestorben. So kommen auf 163 Geburten 107 Todesfälle. Also hat sich die Einwohnerzahl in vier Jahren um 56 Leute vergrößert.

In diesen vier Jahren lag der Prozentsatz der Sterblichkeit bei den Neugeborenen im Dorf Demirci bei 36% und im Dorf Nurgöz bei 41%.

Wie man sehen kann, ist der Prozentsatz ziemlich hoch. Das türkische Dorf ist fruchtbar. Die Dörfer, in denen es keine Epidemie gibt (unsere Dörfer gehören dazu), vergrößern sich trotz schlechtester Lebensbedingungen. Aber der Zuwachs könnte viel rascher sein. Um das zu erreichen, muß man Mittel zur Verhinderung der Kindersterblichkeit finden.

Auf dem Land gibt es so gut wie keine Kenntnisse der Kinderpflege. Und wenn die Leute welche hätten, die Lebensbedingungen, die Schwierigkeiten des Lebensunterhalts, hindern den Dorfbewohner, diese Kenntnisse anzuwenden. In den ersten Tagen nach der Geburt wird das Kind, wenn es noch nicht infiziert wurde und daran starb, durch mangelnde Ernährung schwach und immer schwächer. Im Winter stirbt es, entweder weil es nicht genügend gewärmt werden konnte, oder am Rauch und Luftmangel. Im Sommer jedoch hat die Mutter keine Zeit, sich mit ihrem Kind zu beschäftigen. Sie muß ebenso wie alle anderen Gemüse pflücken, ernten, dreschen und ähnliche Arbeiten verrichten, die mit dem Frühling beginnen, und bis zum Ende des Herbstes dauern. Sie muß sich vom Morgen bis zum späten Abend abrackern. Die Mutter steckt das Kind in den Korb und packt es auf den Rücken. Während sie sich auf dem Feld bis zum Abend abmüht, weint das Kind in einem Winkel des Ackers. Die Frau stillt es ein einziges Mal und das bloß stehend, vorausgesetzt, daß sie überhaupt Milch hat. Die meisten Mütter haben wegen der Unterernährung keine Milch. Von welcher Nahrung sollte sie auch kommen? Etwa von Zwiebeln und Brot, oder Gurken und Brot?

Ich habe festgestellt, daß die in den Sommermonaten sterbenden Kinder Durchfall hatten. Bekommt ein Kind Durchfall, dann gibt man alle Hoffnung auf, und das Kind stirbt.

Daraus geht hervor, daß die eigentliche Ursache der Sterblichkeit das Elend ist. Was sollen Eltern tun, die nicht einmal zwei Meter Stoff haben, um ihr Kind einzuwickeln? Die nicht einmal daran denken können, anstelle von Muttermilch Babynahrung zu kaufen, die den Anforderungen der Gesundheit entspricht? Wie sollen sie das Kind schützen?

Wenn es ein bißchen größer ist, kann es – wenn auch hungrig und nackt – soweit zu Kräften kommen, daß es allen möglichen Widrigkeiten des Lebens standhalten kann. Jene, die die gefährlichen ersten Jahre überleben, können bis zu einem gewissen Grad damit rechnen, daß sie nicht sterben, ehe sie alt geworden sind.

Meine Notizen

Ich hatte darauf bestanden, eine Uhr für unsere Schule zu kaufen. Dazu sagt man bei uns: „Ein elfenbeinerner Kamm für einen kahlen Kopf", aber ich wollte diese Uhr um jeden Preis und bestand darauf. Aber wem soll ich das beibringen? Leute, die nicht einsehen, daß eine schwarze Tafel und Schulbänke notwendig sind, werden sich selbstverständlich gegen einen solchen Luxus sträuben; nichts ist natürlicher als das! Der Rat der Alten protestierte ganz kategorisch: „Das ist einfach eine Schikane. Wozu braucht man eine Uhr! . . . Dieses Dorf ist seit

Noahs Zeiten mit Gottes unzerstörbarer Uhr ausgekommen, und diesem Gavur okumasina (heidnischen Gelehrten) paßt es nicht?!"

Als unser muhtar in die Kreisstadt ging, beklagte er sich bei unserem Inspektor: „Dauernd verlangt er von mir eine Uhr und gibt nicht Ruhe. Diesmal hat er sich *das* in den Kopf gesetzt. Will er sie vielleicht melken? Was will er damit anfangen?" Und er flehte ihn an: „Lieber Efendi, schreiben sie ihm einen Brief, er soll auf die Uhr verzichten. Ich werde ihm jeden Tag durch den Nachtwächter ausrichten lassen, wann die Sonne das Zeichen auf der Schwelle erreicht hat. Geht es denn nicht darum, zu wissen, welche Tageszeit ist? Sollen uns jetzt aus diesem Grund neue Kosten entstehen?"

Der Inspektor hat wohl meinen Artikel über „die Uhr des Dorfes" im Varlık gelesen. „In der Tat, es scheint, ihr könnt in eurem Dorf die Zeit feststellen!" rief er aus. Er setzte auch die Geschichte dieser Aufzeichnung im ganzen Dorf in Umlauf:
„Er hat über die Uhr des Kahlen Hoca geschrieben."
„Was hat er geschrieben?"
„Er hat gesagt, sie sei alt und hätte kein Uhrglas. Er hat gesagt, der Hoca schaut auf den Schatten des Hügels und ruft zum Gebet. . .!"
Die Leute machen den Kahlen Hoca verrückt. Aus jedem Mund kommt eine andere Geschichte. „Woher kennt er denn die Stellen, aus denen wir die Zeit erfahren? Dieser Lehrer!" Die Geschichte wurde belacht. Aber sie erfuhren auch von den anderen Artikeln. Wir lasen im Zimmer des muhtar über die Bodenprobleme. „Richtig, war es nicht so, Nachbarn?" fing der Gefreite Ali zu lachen an. Wie er nach Hause ging, prahlte er vor seiner Frau: „Von nun an darfst du mich mit anderen Augen sehen. Mein Name ist in den Zeitschriften erschienen! Was sagst du dazu?" Auch im Dorf Çimli hatten sie diesen Aufsatz gelesen. Sie beschafften sich den Artikel über die Verschwörung gegen Çimli von einem mit mir befreundeten Lehrer und baten ihn, als Zeuge zu fungieren während sie einen Antrag

verfaßten: „Damit man weiß, wessen Schuld es ist, wenn so etwas noch einmal vorkommt."

Unsere Leute bekamen es mit der Angst zu tun. Sie ließen mich kommen. „Was sollen wir jetzt tun? Das ist das Ergebnis, wenn man das Geheimnis des Dorfes an Fremde weitergibt, Efendi!"

Ich sah, daß die Sache eine schlechte Wendung zu nehmen drohte. . . „Habt keine Sorge, wir werden dies tun und jenes tun", predigte ich ihnen. Aber es kostete mich viel Mühe, bis sich die Aufregung wieder gelegt hatte.

Meine Freunde berichteten dem Memiş des Hacı Ahmet:
„Er hat auch über deinen Esel geschrieben mit dem halben Schwanz. Er hat erzählt, daß du einen Esel vor den Pflug spannst." Memiş erwischte meinen Vater:

„Sag deinem Sohn, er soll sich anständig und ruhig verhalten. Schau mal, wie das Volk ihn achtet. Ein Mensch muß aber wissen, was man sagen kann. Was geht ihn mein Esel an? Ich spanne einen Esel vor, das ist eine Sache, die mich angeht. Erst wenn ich vor seine Tür komme und Brot verlange, dann soll er mir keins geben."
Diese Worte genügten, um meinen Vater gegen mich aufzubringen: „Aus dir wird nie ein Mensch werden, mein Sohn. Ich schwöre, daß aus dir nichts wird. Ich sage es offen. Menschenskind, jeder versucht sich ins rechte Licht zu rücken, sich besser zu zeigen, und du gehst und redest Nachteiliges über die Leute."

Von nun an begann Memiş, wo er ging und stand, in großen Tönen zu reden:
„Mit meinem Wind kann man nicht dreschen.Ihr wißt, wer ich bin. Man nennt mich den Sohn des Hacı Ahmet. Wenn nichts anderes hilft, so packe ich den Kerl an den Beinen und zerreiße ihn in der Luft."

Es kostete mich viel Überredung, auch den Memiş zu beschwichtigen.

Jetzt kommen wir zum Badi Mıstık. Gleich nach der Ernte ging ihm das Mehl aus. Zu Hause gab es kein Brot. Man hatte schon zweimal für ihn gesammelt. Die Nachbarn hängen eine Satteltasche über den Esel, führen ihn im Dorf herum und sammeln bulgur für den betreffenden Notleidenden. Aber kann das für eine achtköpfige Familie reichen? Zum Schluß verkaufte er seine zehnjährige Tochter Ayşe für hundert Lira unter der Bedingung, daß die Hochzeit erst nach vier Jahren gefeiert werde. Vielleicht kommen sie damit bis zum Frühling aus.

Dem haben sie es ebenfalls zugetragen: „Ismail" soll er zu meinem Vater gesagt haben, „Bruder, ich kann mich nicht mehr in der Kreisstadt sehen lassen. Er ist hingegangen und hat, ich weiß nicht, wo, geschrieben, daß ich kein Brot mehr habe. So etwas kann nichts Gutes bringen. Weder Gott noch die Menschen sind mit solchen Dingen zufrieden. Ich bitte dich. Was werden die Leute dazu sagen, die das lesen. Mamidefendi denkt vielleicht gar nicht daran, wo das hinführt!"
Dann fügte er hinzu: „Als ich dies kürzlich hörte, bin ich in die Luft gegangen. Ich wollte sofort zu euch kommen und Streit anfangen. ‚Eselssohn', wollte ich dem Mamidefendi sagen, ‚ist mir Brot und Mehl ausgegangen, so ist das mein Brot und Mehl. Das geht dich einen Dreck an.' Doch mit Gottes Hilfe habe ich die Geduld nicht verloren. Wirf seinem Herrn zuliebe keinen Stein nach dem Hund, sagen die Alten. Wenn du nicht wärest, Ismail, würde ich meinen Zorn nicht zügeln."

Mein Vater kam wieder wütend an und überschüttete mich mit Verwünschungen:
„Du solltest deines Lebens nicht froh werden, ich sage es dir. Hörst du! Gott hat mich zum Vater gemacht. Er hatte recht, als er sagte: ‚Wenn dein Sohn verrückt ist, was nutzt dir dann Hab und Gut? Und wenn dein Sohn gescheit ist, wozu braucht man es dann noch? , Ach Nachbarn, es gibt nichts Schwereres ,

als die Last eines verrückten Sohnes zu tragen! Ich sage schon: Gott möge mich erlösen. . ."

Ich brauchte wiederum viel Überredungskunst für den Mıstık. Er beruhigte sich ein wenig. Er sagte:
„Ich mag dich sehr, und du gefällst mir trotzdem, denn du bist ein Mensch, der mir in den schwersten Zeiten zwei Pakete Tabak gekauft hat. Aber warum nimmst du dich nicht ein wenig in acht? Schau her, mein Sohn: Gibt denn ein Mensch das Geheimnis seines nächsten Nachbarn der Öffentlichkeit preis?"

Was soll ich noch alles aufzählen? Wenn sie mich für jedes Thema, das ich behandelt habe, einmal umgebracht hätten, wäre ich bis jetzt fünfzigmal gestorben. In der Kreisstadt las einer unserem muhtar das Kapitel über die Läuse vor. Dann gab er ihm die Zeitschrift in die Hand und schickte sie mir.

In der Gemeindestube ließen sie es einen schlecht und recht vorlesen. Alle wurden wütend.
„Ist unser Lehrer denn verrückt geworden? Was hat er da getan? Ein Kind würde nicht tun, was er getan hat."

Molla Mehmet beklagte sich: „Was geht ihn das an, wenn mein Zimmer verlaust ist?" Hüseyin Aga begehrte auf: „Was will er von der Laus an meinem Hosenbein? Wir plagen uns hier, um uns, so gut es geht, kümmerlich durchzuschlagen, und er geht und bringt vor aller Welt Schande über uns."

Man schickte mir Gani Çavuş. Er sollte mir folgendes ausrichten:
„Alles gut und schön. Gott soll es ihm lohnen, wir sind mit jeder seiner Eigenschaften zufrieden. Er schaut auch nicht nach den Mädchen und Frauen, die zum Brunnen gehen. Er lebt wie ein Heiliger in der einsamen und leeren Schule und fristet sein Leben. Wir an seiner Stelle würden zugrundegehen. Wenn er nur von dieser Gewohnheit ablassen wollte. . ."

Aus diesem Grund gibt es in unserem Haus überhaupt keinen Frieden. Es gibt keinen Augenblick, in dem ich mich nicht mit dem Vater und der Mutter streite. Ich sage mir: „Lache darüber und gehe darüber hinweg." Aber dann grollen sie: „Er lacht über uns, er schätzt uns gering."

Im Dorf meiner Eltern gibt es einige Lehrer, auch diese versäumen keine Gelegenheit, um zu intrigieren. Einer kam und stachelte meine Mutter auf: „Großmutter Atike, der Mahmut hat über euren tandır, eure Fenster, euer Haus, über alles hat er geschrieben."

Da fängt auch meine Mutter mit Verwünschungen an:
„Gott hat jedem Söhne gegeben, nur mir hat er einen schwarzen, schwarzen Stein gegeben. Ich wäre besser einmal mehr auf den Abort gegangen, als dich in die Welt zu setzen. Durch deine Schuld sind die Leute im Dorf mit Schande bedeckt worden, und wir auch."

Es ist mir nicht möglich, ihnen klarzumachen, was ich beabsichtige. Lache ich und gehe darüber hinweg, dann geht es auch nicht. Woher sollen sie denn wissen, daß nicht sie es sind, die sich über ihre Armut schämen müßten.

Und dann die Geschichte mit der Schule:
„Das hat er geschrieben, auch das hat er geschrieben. Was ist denn übrig geblieben, was die Regierung noch nicht erfahren hat! Daß wir sie mit Schilf gedeckt haben, daß kein Geld da ist, um sie zu bauen, das alles hat er geschrieben."

Die Kollegen in der Kreisstadt spotteten, als sie meine Aufsätze lasen: „Mit welchem Mist er sich abgibt! Das sind aber Themen!" staunten sie. Ein Kollege überbrachte mir die angenehme Botschaft: „Was sind das für Schreibereien! Bei Gott, Freund, als wir das lasen, haben wir uns sogar geschämt. Was bedeutet das schon, wenn das Kalb das Geld frißt? Hätte es das Geld nicht fressen sollen, dieses verdammte Kalb? . . ."

Diese Geschichte vom Geld und dem Kalb hatte noch ein besonderes Nachspiel. Hatte ich nicht von der Frau erzählt, deren Geld das Kalb fraß? Dieser Frau wurde auch die Nachricht von der Veröffentlichung zugetragen. Sie stürmte das Haus: „Mein Geld, mein Kalb!" Als sie sah, daß dieser zornige Überfall nichts nutzte, begann sie, mich zu beschwören:
„Lieber Mamid, laß mich dein Opferlamm sein. Glaubst du, daß mir daraus Schaden von seiten der Regierung droht? Denkst du, daß man mich ins Gefängnis wirft, weil ich es zuließ, daß das Kalb das Geld frißt? Der Sohn des Girban, der Murtaza, sagte zu mir: ‚Du wirst ins Gefängnis gesteckt' . . . Was? Mein liebes Lämmchen: ich werde dir Eier kochen, ich gebe dir meine Tochter, bei Gott! Einen Besseren als dich gibt es gar nicht. Bitte, rette mich!"

Kurz und gut, Gani Çavuş war der einzige, der die Situation richtig erfaßte. Überall und immer, wo er ging und stand, erklärte er den Bauern, daß der Zweck dieser Schriften ihnen zum Vorteil sei, daß sie alles falsch verstünden. Er versuchte, sie zu überzeugen so gut er konnte. Und zu mir sagte er: „Kümmere dich nicht darum, Efendi, laß dich nicht von dem abbringen, was du für gut hälst. Du willst nur unser Bestes!" Auf diese Weise versuchte er, mich zu trösten.

Aberglaube

Auf dem Markt verkauft man ein religiöses Gedicht, das auf einem dünnen Karton gedruckt ist, für 10 kuruş. Sooft ich in die Kreisstadt gehe, treffe ich den Verkäufer, einen Mann mit einem mageren Gesicht. Inmitten eines Haufens dieser Kartons leiert er dieses Gedicht auswendig her. Dabei gibt er seiner Stimme einen so gefühlvollen Schmelz, daß jeder Vorübergehende unbedingt ein Gedicht kauft, er kann gar nicht anders.

„Der Tod genügt.
Das Feuer der Hölle genügt.
Zum Schluß sättigt dein Aug' eine Handvoll Erde."

Während er so aus vollem Halse schreit, sammelt sich das Volk um ihn herum.
Ich finde überall, wo ich hingehe, einen dieser Kartons an der Wand aufgehängt. Im Hotel, in der Karawanserei, im Laden, im Haus. . . Ständig wird es irgendwo aufgesagt.

Die Bauern haben es auswendig gelernt. Es gibt keinen Dorfbewohner, der nicht ein ganzes Jahr hindurch die Stimme dieses ständig schreienden Mannes gehört hätte. Darum hat jeder ein Gedicht gekauft.

In jedem Dorf, wo ich in letzter Zeit hingekommen und eingekehrt bin, überall fand ich das Gedicht aufgehängt. Die Leute saßen davor und versuchten, es zu entziffern. Jene, die zuhörten, schaukelten mit den Köpfen wie in Ekstase: „Lies es einmal laut vor, damit wir es hören können", sagen sie. Selbst wenn sie es schon hundertmal gehört haben, können sie nicht genug davon bekommen.

Wenn es mir gelingt, es in der Tonart des Verkäufers zu lesen, so werde ich mit Segenswünschen bedacht. Die Leute, die das kaufen, können meist nicht lesen. Trotzdem haben sie den Karton in eine Ecke gehängt. „Der Name Allahs und des Propheten ist darauf geschrieben. Es wird dem Haus Segen bringen", sagen sie.

Ich kam in die Stube des muhtar. Es herrschte ein Lärm, ein Durcheinander, als würden sie den Saal zertrümmern. Jeder hat eine Klage, man konnte nicht verstehen, was die einzelnen schimpften und schrieen. Als ich eintrat, rief der muhtar:
„Wartet! Mamidefendi, lies uns das vor, was vor dir hängt, damit die Ağas es hören."

Sofort hörte der Lärm auf. Ich las es auf die entsprechende Art vor. Und was sehe ich! Keine Spur mehr von Zorn und Aufregung. Die Ursache des Streites war vergessen. Der Traum vom Paradies hielt sie alle umfangen. Der muhtar sagte: „Also, laßt

den Streit und einigt euch. Schaut, was das Ding an der Wand sagt!" Danach fingen sie alle an, Segenswünsche auf mich herabzuflehen:
„Gott segne deinen Vater; du hast uns gerettet, Efendi. Seit dem frühen Morgen streiten wir schon." Und einer nach dem anderen verließen sie die Stube.

Der muhtar meinte:
„Was du dort eben gelesen hast, ist nicht nur stärker als die Gendarmerie, sondern sogar stärker als die Armee!"

Meine Dämonen

Es sind Ferien. Tagsüber kann ich jedoch vor lauter Arbeit keine Zeit zum Lesen oder Schreiben finden. Und selbst wenn ich sie fände, wäre es mir in all dem Lärm und Krach unmöglich. Das Haus hat nur einen einzigen Raum, dort herrscht ein gewaltiges Durcheinander. Sooft ich versuche, ein wenig Ordnung im Haus zu schaffen, bekomme ich Streit mit meiner Mutter. Und am nächsten Tag ist wieder alles so, wie es war.

Selbst wenn man allein im Haus wäre, käme man nicht zum Lesen und Schreiben. Nähme man auch die Unordnung hin, so wäre es bei geschlossener Tür dunkel; öffnet man sie aber, dann schlüpfen sofort die Hühner herein. Vor lauter Hühnerverscheuchen kann man nichts anderes mehr tun.

Deshalb ist die Nacht die günstigste Zeit zum Arbeiten. Jetzt im Sommer, in diesen kühlen Nächten, schlafen meine Familienangehörigen auf dem Dach. Mit mir allein, bin ich drinnen in der Stille der Nacht erleichtert und glücklich. Nun kommt das Lesen und Schreiben an die Reihe. Lesen ist leicht, das kann ich auch im Bett liegend oder sitzend. Aber schreiben, das ist ein Problem! Ohne Schreiben geht es aber auch nicht. In meinem Innern scheint mich eine unsichtbare Hand dazu zu drängen: jeder Mensch, den ich sehe, jedes Tier, jeder Gegenstand scheint mir zuzurufen: „Sprich von mir!" Ich möchte das unbekannte Dorf in Anatolien beschreiben. Ich habe mir das zur Aufgabe gemacht. Sonst würde ich inmitten all dieser Schwierigkeiten auch noch das vergessen, was ich weiß.

Es gelingt mir jedoch nicht recht, mich so einzurichten. Wenn ich meine Bücher, meine Papiere aus meinem Koffer packe und mir wie ein armer verlassener Vogel in einer Ecke ein Nest baue, dann wird am nächsten Tag alles in alle Winde verstreut. Die Kinder werden meine Papiere nehmen und sie rumfliegen lassen. Da es keine andere Möglichkeit gibt, muß ich jedes Mal alles aus dem Koffer herausnehmen, auf dem Boden ausbreiten und wenn ich fertig bin, wieder einsammeln und im Koffer verstauen.

Es geht mir wie einer Henne, die Eier legen will; während ich mir tagsüber die Themen zurechtlege, erwarte ich sehnsüchtig den Abend. Und am Abend schreibe ich dann, so gut es eben geht. Ich habe mich mit der Unordnung abgefunden. Aber es gibt nichts, worauf ich schreiben kann. So etwas wie einen Tisch und Stuhl kann man hier nicht auftreiben.

Einmal brachte ich zwei Steine von draußen mit. Ich stellte sie nebeneinander auf und legte ein Brett darüber. Das war ein Tisch, wie ich ihn mir besser nicht wünschen konnte, aber nach zwei Tagen warf mein Vater alles hinaus und sagte: „Unser Junge ist schon ganz wirr und weiß nicht, was er sich noch alles ausdenken soll." Ich besitze zwei schäbige Koffer. Ich legte sie aufeinander und wollte sie als Tisch benutzen. Als Sitzgelegenheit nahm ich ein Kissen. Ein paar Tage vergingen so, aber das war keine Lösung. Es war zu unbequem.

Als letzte Möglichkeit fand ich folgende Lösung: diese Worte schreibe ich, indem ich mich auf eine Decke setze, auf die gekrümmten Knie ein Buch lege und darauf schreibe.
Damit bin ich auch zufrieden, wenn nur. . .
Mein Vater sah einmal nachts durch die Luke im Dach, daß ich

zu später Stunde immer noch unter dem Licht saß. Er beunruhigte sich: „Die Dämonen lassen ihn nicht schlafen", sagte er und lief zu einem Hoca, um für mich ein Amulett schreiben zu lassen. Ich weiß nicht, was sich der Hoca dachte, jedenfalls gab er ihm das Amulett nicht. Vielleicht zögerte er, weil ich ein Lehrer bin. (In der modernen Türkei ist es verboten, religiösen Zauber zu treiben, damit das Volk nicht durch Scharlatane ausgenützt wird. – A.d.Ü.)

Diesmal zürnte mein Vater ihm:

„Jedem schreibt er Amulette, aber wenn die Reihe an uns kommt, dann packt ihn sein Starrsinn, den Kerl! Als ob unser Geld kein Geld wäre!"

Als ich das hörte, „stürmten die Dämonen erst recht meinen Kopf"; ich regte mich auf.

Orakel

Ganz nahe unserem Dorf liegt das Dorf Boyan. In diesem Dorf wohnt ein Hoca mit Namen Scheich Murat. Eines Tages wuchs der Ruhm des Hoca Murat ins Unermeßliche. Die Leute sagen: „Er ist ein Heiliger, er spricht mit den Engeln!" Ich forschte nach dem Grund. Es ergab sich, daß ein wandernder Hoca, der Almosen sammelte, eines Tages ihn besuchte. (Da die Bauern kaum Bargeld besitzen, bestehen diese Almosen aus Getreide und bulgur. – A.d.Ü.)

Der Hoca Murat hatte gerade den Ofen gefüllt und wandte sich an den Reisenden: „Hoca", sagte er, „gib die Streichhölzer her!" Der Zufall wollte es, daß dieser gerade Streichhölzer bei sich hatte; er holte sie aus der Tasche und gab sie ihm. Es befanden sich noch andere im Zimmer. Die waren ganz erstaunt und fragten den Hoca Murat: „Woher wußtest du, daß der Besucher Streichhölzer hatte?" „Tag und Nacht bete ich und trage ständig den Namen Allahs auf meinen Lippen, sollte ich dann nicht einmal so etwas Einfaches wissen können?" antwortete er. Diese Begebenheit hatte dem Mythos als Ursprung gedient.

Von Innen und von Außen

An unserem Dorf fließt ein Bach ungenutzt vorbei. Die Leute, die in der Nähe dieses Baches mähen und dabei die Fastenzeit einhalten, steigen zwei-, dreimal am Tag hinein, ohne sich auszuziehen. Ihr Inneres brennt ohnehin vor Durst. Sobald ihre Kleider trocknen, ist ihnen wieder heiß. Frauen und Männer, alle springen ins Wasser. Ich mußte meine Mutter unzählige Male aus dem Wasser ziehen, weil sie nicht mehr heraus konnte.
Sie füllen die Krüge immer wieder und gießen sie über den Kopf und den Körper und finden so ein wenig Erfrischung.

Wenn einem einfiele, das Fasten zu brechen und Wasser zu trinken, sähen einen die Leute von der Seite an. Jeder Vorübergehende würde dir böse Worte sagen. Unser Großvater Honnuk von der Familie Cinav gibt sofort seinen Senf dazu:
„Leute wie die da werden in der Hölle auf dem Rost braten, und jene, die jetzt ins Wasser tauchen, werden auf der Wiese des Paradieses sitzen und zusehen. Man darf das Leben, das einem Gott gegeben hat, Gott nicht vorenthalten!"

Der Sturm

Drei Tage lang wehte ein starker Nordwind. Manchen hat er Kummer gebracht, anderen Freude. Hüso, der Sohn des Verrückten Ahmed, bekam Rippenfellentzündung. Man fuhr in die Kreisstadt, dann in die Großstadt und rettete ihn schließlich mit Müh und Not. Andererseits freuen sich die Fastenden darüber, daß die unerträgliche Hitze nachgelassen hat. Während der Sturm tobte und brüllte, flogen die Garben auseinander. Man sieht unwillkürlich hin. Das ärgerte meinen Vater:
„Dieser Sturm freut sich, wenn man hinschaut. Es ist deine Schuld, wenn sich die Garben zerstreuen. Wenn du so tun würdest wie wir und nicht hinschautest, würde gar nichts geschehen."

Danach wandte ich den Kopf ab, wenn sich die Garben lockerten und zerstoben.

So ist es

Wir mähen Roggen beim Akkayır (Weißer Abhang). Es ist drückend heiß. Als wir einen Tag vorher auf dem Göbekli Tepe (Bauchiger Hügel) Gerste ernteten, blies ein kühler Nordwind. Mein Vater sehnte sich nach der gestrigen Kühle: „Was ist das heute für ein heißer Tag!" Dabei ist der Ort, wo wir uns befinden, eine Senke zwischen den Hügeln. Das Gerstenfeld hingegen liegt auf dem Rücken des Hügels.

„Vater, der Gipfel des Hügels ist jetzt wieder kühl. Die Stelle hier ist nicht hochgelegen, darum ist es hier so heiß."
„Sohn, beginne nicht, die Angelegenheiten Gottes verstehen zu wollen! Kann es denn hier heiß sein und dort kühl? Ist der Gott von dort ein anderer Gott?"

Die verschiedenen Herde

Wenn ich Herde sage, so soll man nicht glauben, es handle sich um einen Gasherd oder einen elektrischen Herd. Was haben überhaupt solche Dinge hier zu suchen? Die Herde, von denen hier die Rede ist, sind die, bei denen man für seine Leiden Heilung findet. Von solchen Herden wimmelt es in unserer Umgebung.

Hat einer Schmerzen am Knie, bekommt er den Star oder hat er Bauchschmerzen, oder hat er ich weiß nicht was, sofort eilt er zum „Herd"...

Von den vielen berühmten Herden befindet sich in unserem Dorf einer für Rotlauf. Es gibt keinen Tag, wo nicht Leute kommen, um ihn zu besuchen. Wenn sie nicht zahlen, vergeht die Krankheit nicht. Wenn sie wenig zahlen, vergeht sie ebenfalls nicht. Jetzt nimmt man von jedem Kranken eine Lira. Der Herd, wo man von schmerzenden Stellen Blut zapft, befindet sich im Dorf Kizilkaya. Dieses Dorf ist unserem Dorf benachbart. Täglich gehen aus unserem Dorf und aus den anderen Dörfern viele Leute dorthin.

Das Zentrum für Muskelstarre befindet sich im Köy Yuva. An allen diesen Herden pflegt man zwar sämtliche Krankheiten, aber manche haben verschiedene Abteilungen, ebenso wie es bei den Ärzten Spezialisten gibt.

Man geht nicht so ohne weiteres zu diesen Herden. Das Orakel wird befragt. Das geschieht so: Man gießt in ein Gefäß etwas Wasser. Dann werden Nadeln hineingegeben und die Spitzen dieser Nadeln in die Richtung der verschiedenen Dörfer, in denen sich diese Zentren befinden, gewendet. Die Nadel, die rostet, zeigt den „Herd" an, wo diese Krankheit geheilt werden wird. Und dorthin geht der Kranke.

Neulich behauptete meine Mutter: „Du hast sicher einen Krampf im Bauch. Geh und laß ihn dir massieren." Ich konnte ihrem ewigen Drängen nicht mehr widerstehen und ging auch hin, meinen Bauch massieren zu lassen. Wohl oder übel mußte auch ich zahlen.

Bei diesen Heilmethoden soll die Wunderkraft in der „Hand" liegen. Die Sterbenden reichen die "Hand" einem Hinterbliebenen. Auf diese Weise erlischt der Herd nicht, und die Zahl der Kranken wird nicht geringer. So machen sie weiter und verdienen ihren Lebensunterhalt.

Die Scheich-Epidemie

In unserer Gegend herrscht im wahrsten Sinne des Wortes eine Scheich-Epidemie. (Scheichs sind Mitglieder einer religiösen

Sekte. – A.d.Ü.) Aber diese Scheichs wissen selbst nicht, zu welcher Sekte sie gehören. Von den elf Dörfern, die ich 1947 besuchte, und in den zwanzig, die ich zwar nicht besucht habe, aber trotzdem kenne, gibt es die wenigsten Scheichs im Dorfe Hıcış. Und selbst in diesem Dorf mit 150 Häusern habe ich über fünfzig gezählt.

Groß und klein ist begierig, in die Sekte einzutreten, und sie tun es auch. Sie lassen sich einen Bart wachsen. Sie tun so, als hätten sie allem weltlichen Treiben abgeschworen und als hätten sie die Vollendung und die Heiligkeit erreicht.

In allen diesen Dörfern tun sie nichts anderes, als bis zum frühen Morgen kudüm (eine Art Tamtam) zu schlagen, Hymnen zu singen und Litaneien herunterzuleiern, bis sie heiser sind. Das Oberhaupt dieser Scheichs ist Mehmet Efendi aus dem Dorf Çekiçler. Er soll eine sehr ehrwürdige Persönlichkeit sein. Jene, die in die Sekte eintreten wollen, gehen mit einem Geschenk zu ihm, küssen seine Hand und nehmen seinen Rat und seine Anweisungen entgegen. Man erzählt sich, daß er sein Freitagsgebet vor der Kaaba in Mekka verrichte. . .

Sie strömen von allen Seiten herbei, um Mehmet Efendi zu besuchen. Er selber geht nicht viel aus. Es gibt sehr wenige Dörfer, denen es vergönnt gewesen ist, die Ehre seines Besuches genossen zu haben. Die Besucher sollen ihm ganz unglaubliche Geschenke bringen.

Als wir eines Abends im Winter im Dorflokal saßen, kam eine Gruppe von Leuten, die dieses Oberhaupt der Sekte besuchen wollte. Der seit dem frühen Morgen ununterbrochen strömende Regen hatte sie in einen kläglichen Zustand versetzt. Sie wurden unsere Gäste.
Über den Regen und Sturm freuten sie sich: Gott prüfte sie. Sie meinten, Gott sagte: „Ihr habt euch auf diesen guten, wohltätigen Weg begeben, wir wollen sehen, ob ihr euch fürchten werdet, ob ihr die Zuversicht verlieren werdet oder nicht!"

Es waren dreizehn Personen. Alle Mitglieder der Sekte. Nach unserer Bezeichnung, alles Scheichs. Der jüngste war neunzehn Jahre alt. Ein richtiger hafız. (Einer, der den ganzen Koran auswendig singen kann. A.d.Ü.)

Sie kamen aus den fünf Stunden von unserem Dorf entfernten Dörfern Amarat und Yeşilova.
Zehn Tage lang schliefen wir vierzehn Personen in einem Raum. Ich war bereits der Gutmütigste und Nachsichtigste von allen geworden. Ich fand mich mit allem ab. Es blieb mir ja nichts anderes übrig. Wir zwängten sechs Matratzen in die Stube, und ich zog meine Matratze zum unteren Ende, auf den Holzdivan.

Nachdem sie ein wenig geruht hatten, erhoben sie sich. Einer nahm zwei Eisen in die Hand, schlug sie gegeneinander und erzeugte ein Geräusch. Man nennt das çapana oder so. Ein anderer nahm den kudüm und der hafız fing aus Leibeskräften an:

„Im Himmelsraum mit Jesus,
Auf dem Berge Tur mit Moses
Mit dem heiligen Mustafa
Will ich dich loben, mein Herr."

Die Sekte

Da der Winter lang dauerte und es kaum möglich war, das Korn vor dem Verrotten zu retten, gab es fast keinen, der nicht in die Sekte eingetreten war. So ist es ja! Warum schickt denn Gott diesen Winter? Weil sich seine Geschöpfe von ihm abgewandt haben!
Als die Mitglieder der Sekte sich vermehrten und Mehmet Efendi nicht mehr allein seine Herde melken konnte, nahm er sich Hilfsschäfer. In jedem Bezirk ernannte er ein Oberhaupt, diesen Leuten gab er das Recht, den Kandidaten, die in die Sekte eintreten wollten, „Rat und Vorschrift" zu erteilen.

Unserem Dorfe wurde der Sohn des Veli Hoca, Hadcı Hüssein, mit dem Titel „Unteroffizier der Scheichs", zugeteilt. Hacı Efendi hat Kontakt mit dem Scheich Murtaza vom Dorf Boyalı. Und dieser wiederum hat direkten Kontakt mit Mehmet Efendi. Das heißt, daß er Murtaza Hoca zum Bezirkschef ernannt hat und dieser wieder in jedem Dorf oder für einige Dörfer zusammen einen Unteroffizier ernennt.

Hacı Efendi ist der erste, der zur Moschee läuft. Noch ehe die Sonne das Zeichen auf der Schwelle erreicht, geht er hinein. Ehe sich das Volk dort versammelt, erschauert er, wiegt sich hin und her, gerät in Trance. Außerhalb der Gebetszeiten tut er nichts anderes, als hinter einem jeden herzujagen. Er redet herum und überredet schließlich jeden, in die Sekte einzutreten. Danach bereitet sich dieser Überredete auf sein Erscheinen bei Murtaza vor: was spricht man bei Murtaza Hoca, wie hat man sich zu benehmen. Das herauszubekommen kostet viel Mühe. Schließlich geht er, sich „Rat und Vorschriften" holen. Dann wird er in die Liste eingetragen. Sein Name wird zuerst dem Oberhaupt, dann allen Dorfbewohnern und sogar der ganzen Umgebung bekanntgegeben. Deshalb beginnt er sich sobald er sich „Rat und Vorschriften" geholt hat, den Bart wachsen zu lassen. Dann wandert er von einem Dorf zum anderen, die Mitglieder der Sekte kennenzulernen. Bei diesen Wallfahrten ist sein Hauptgedanke, sich ein tesbih (Rosenkranz) mit neunundneunzig Perlen zu verschaffen. Dazu kommen noch Waschungen und Gebete: so wird er ein vollkommener Scheich.

Es gibt ganz wenige, die dieser Hacı Efendi nicht überreden und in seine Gewalt bekommen konnte. Zu diesen zählten der Gefreite Gani und seine Brüder.
Der Gefreite versteht es, mit den Scheichs zu reden und sich bei ihnen Respekt zu verschaffen.
„Es genügt nicht: Allah hu — Pilav — su! Allah hay — Kave çay! (Allah hu — Reis und Wasser; Allah hay — Kaffee und Tee) zu murmeln. Erst müßt ihr euer Herz verbessern. Statt

eure Hintern von einem Dorf zum anderen spazieren zu führen, verbessert lieber euren Hof und eure Landwirtschaft. Dann werdet ihr sehen, wen Gott liebt."

Diese vernünftigen Worte machen nicht denselben Eindruck wie flammende Reden; man lacht darüber und kümmert sich nicht weiter darum. Ich erkundigte mich bei Leuten, die in diese Sekte eingetreten waren, was wohl der Hacı Efendi gesagt hat, als er sie überredete. Ich bekam ungefähr diese Antwort: „Jener, der befolgt, was der Scheich Efendi sagt, und denselben Weg geht, den er einschlägt, wird in das Paradies aufgenommen, selbst wenn er eine Million Sünden begangen hat. Seine alten Sünden werden vergeben und die späteren werden nicht aufgeschrieben."

Aber ebenso wie diese Leute nichts von Reinlichkeit und ähnlichem halten, schrecken sie auch bei ihren Geschäften vor Betrug und Diebstahl nicht zurück. Und die wenigen, die etwas sauberer und anständiger sind, lassen diese Eigenschaften fahren, sobald sie in die Sekte eingetreten sind. Von ihrem Schmutz gar nicht erst zu reden! Wie sieht ein Junge von fünfzehn Jahren aus, wenn er sich einen Bart wachsen läßt? Wie ein richtiger Schimpanse. Das Oberhaupt hat ja gesagt: „Nachdem du dir den Bart hast wachsen lassen, ist alles, was du auch tust, geheiligt, du kommst direkt ins Paradies." Wie leicht ist es doch, in dieses Paradies zu kommen!

Eines Tages gelang es mir, Hacı Efendi zu stellen. Ich sagte ihm: „Aber Hacı Efendi, Scheich sein bedeutet doch reinlich und ehrlich sein. Eure Leute hingegen tun gerade das Gegenteil."

„Oh, Mamidefendi, du spricht wie ein Ungläubiger!" antwortete er.

Als er ins Dorflokal ging, verleumdete er mich dort:

„Er leugnet den Koran! Er leugnet die Verse! Er leugnet Gott! Alles leugnet er!"

Kürbis-Geschmack

(Kürbis-Geschmack ist eine Redensart für etwas Überdrüssiges, Schales. A.d.Ü.) Die Leute, die in die Sekte eingetreten sind, hören auf zu arbeiten. Sie bilden eine geschlossene Gruppe. Sie nehmen ein Tamtam und sagen: „Los! Heute gehen wir in dieses Dorf!" Nachdem sie das Dorf drei bis fünf Tage in Unruhe versetzt haben, nehmen sie auch die dortigen Sektenbrüder mit und ziehen in das nächste Dorf weiter! Wenn sie auf diese Weise einige Dörfer abgeklappert haben, bildet sich eine Karawane von hundert bis hundertfünfzig Leuten. Und von dort ziehen sie alle zusammen in das Dorf Çekiçler zur Audienz beim Oberhaupt. Fragt nicht, wo sie einkehren, wo sie übernachten, was sie essen und trinken. Sie glauben ja an Wunder. Wenn es notwendig ist, hungern sie, sie schlafen am Fuße einer Mauer: es genügt, wenn sie glauben, im Paradies zu sein.

Bei diesen Zügen sammeln sich verschiedene Geschenke für Mehmet Efendi an. Ein jeder trägt auf seinem Rücken einen Sack: man könnte glauben, sie gehen, um ihre Militärpflicht in der Wüste von Yemen abzudienen. Sie betteln und sammeln in den Dörfern, die sie besuchen und bringen es dem Oberhaupt. Ahmet und Mehmet geben auch Almosen. „Was wir geben, ist schließlich nicht umsonst", sagen sie. „Der Scheich Efendi ist ein Heiliger. Wenn er heute ein Gebet spricht, ergießt sich der Segen des Himmels über uns." Sie überlegen nicht, wie es kommt, daß sie trotzdem nicht aus dem Elend herauskommen, obwohl dieser Heilige eine solche Macht besitzt.

Voriges Jahr sammelten ein paar Leute mit besonderer Erlaubnis des Scheichs Mehmet Efendi Geld in den Dörfern. Sie gingen dabei so vor:
Die Almosensammler kommen zum muhtar. Ein Händedruck, eine Umarmung, und dann setzen sie sich auf den Ehrenplatz. Daraufhin entfalten sie das Papier, das die Unterschrift des

Scheichs trägt, und zeigen es dem muhtar. Der geht und spricht mit den Nachbarn. Entweder bringen die Nachbarn selber das Getreide, oder die Scheichs dieses Dorfes werfen Satteltaschen über ihre Esel, gehen im Dorf von Tür zu Tür und sammeln von den Armen und Ärmsten. Und es gibt keinen, der nichts gibt. Wer bloß den Namen von Mehmet Efendi hört, ist bereit, seinen letzten Bissen herzugeben, selbst wenn er nichts anderes hat. Die Almosen, die sich vor den im Dorflokal wartenden Sammlern häufen, werden an einen Reichen des Dorfes verkauft und zu Geld gemacht. Die Almosensammler füllen dieses Geld in ihre Taschen und brechen in das nächste Dorf auf.

Das letzte Mal versuchten die Sammler, ihre Handlungsweise zu rechtfertigen, indem sie behaupteten: „Mehmet Efendi hat eine Schuld von tausend Lira." Damit dachten sie wohl, die Anteilnahme des Volkes zu erwecken. In drei Tagen wurden mehr als tausend Lira gesammelt. Wenn man es versteht, sich beliebt zu machen, ist das Volk wahrhaftig fähig, Berge für einen zu versetzen. Verstünden wir es doch bloß, die Freigiebigkeit für das Dorf selbst nutzbar zu machen! Statt dessen dient sie bloß dazu, einigen Schwindlern die Taschen zu füllen.

„Wenn Mehmet Efendi ein Heiliger ist, warum betet er nicht und befreit sich von seinen Schulden?" Stellt man eine solche Frage, ist die Antwort bereit:

„Ach, aber wie kannst du es nur wagen, so etwas zu sagen? Du Ungläubiger! Fürchtest du nicht Gott? Er wird dich in einen Stein verwandeln. Der Scheich Efendi hat sicher sofort die Eingebung von dem bekommen, was du da gesagt hast."

Wo und was man auch sagen mag, es wird ihm zugetragen. Einmal, als so eine Gruppe von Sammlern zum Dorf Çekicler ging, ermüdeten sie, denn sie waren schwer beladen. Zwei von denen, die als Geschenk riesengroße Kürbisse trugen, überlegten sich: „Es sind zwar Erstlinge, aber wer weiß, wie viele der Scheich Efendi bis jetzt schon gegessen hat. Außerdem ist es eine Schande. Wie kann man bloß Kürbisse als Geschenk anbieten?" Und sie warfen die Kürbisse fort und zogen weiter.

Als der Scheich Efendi sie sah, war sein erstes Wort: „Wo sind die Kürbisse? Warum habt ihr sie unterwegs weggeworfen?" Man hatte ihm die Nachricht vor ihrer Ankunft zugetragen. Nach ihrer Heimkehr ins Dorf konnten diese Männer vor lauter Scham nichts essen:
„Um Gottes Willen, ja nicht! Er erfährt alles, sogar den kleinsten Laut."

Bald hatten sie alle Angst: als ob jedes Wort, das man sagte, vom Scheich Efendi durch ein Loch in der Wand gehört würde. Das Zimmer ist voller Scheichs. Ich sage zum Gefreiten Gani:
„Was sagst du zu der Geschichte mit den Kürbissen?"
„Was soll ich sagen? Ich würde mich am liebsten hinsetzen und weinen! Ach, diese Schwätzer, diese Diebe! Ich wünsche ihnen, daß sie elend zugrunde gehen sollen! Während ich mich da gräme, haben diese Dinge schon einen Kürbis-Geschmack. In welch einer Zeit leben wir denn? Wenn er ein Heiliger ist, soll er doch im Himmel leben und von hier verschwinden!"

Stroh

Wenn der Scheich Efendi Wünsche hat, die durch all das, was man ihm ohnehin zu Füßen legt, nicht befriedigt werden, so schickt er sofort Nachricht zu den Unteroffizieren der verschiedenen Bezirke. Der Unteroffizier ruft die Scheichs des Dorfes zu einer Unterredung in ein geeignetes Haus, meistens in sein eigenes. Danach verteilen sie sich zu dritt oder zu fünft in den verschiedenen Dörfern, um das Benötigte zu sammeln. Der Scheich Efendi hat vier Ochsengespanne, eine Menge Milchkühe und Schafe. Und Arbeitsleute hat er mehr als genug. Er braucht nur mit der Hand zu winken, schon laufen fünfzig herbei.

In diesem Jahr ging dem Scheich das Stroh aus. Als Scheichs zu Besuch kamen und nach seinem Befinden fragten, wurde das besprochen. „Du liebe Güte, dem ehrwürdigen Vater ist das

Stroh ausgegangen! Und wozu sind wir denn da?" riefen sie aus und stoben auseinander. Sie werden fragen: Haben die wenigstens selber genügend Stroh? Keine Rede davon. Sechs ganze Wintermonate jammerte die ganze Dorfbevölkerung wegen des Strohs, das es nicht mehr gab. Das Vieh des ehrwürdigen Vaters ist sicherlich rund und dick wie Haselnüsse, während die Tiere dieser Leute zu Skeletten abgemagert sind.

Es ist der 15. April. Seit 48 Stunden hat es ununterbrochen geregnet. Das Innere unserer Schule hat sich in einen See verwandelt. Ich setzte mich an das Ufer dieses Sees und betrachtete die vor Wasser triefenden Gegenstände. Da tritt einer der Scheichs ein und sagt:

„Wenn du hast, so borge mir ein Kilo Zucker. Vielleicht hast du Zucker. Wir gehen zum ehrwürdigen Vater. Wir würden ihm gern etwas bringen können."

„Habt ihr an einem solchen Tage nichts anderes zu tun?" frage ich.

„Draußen warten die bepackten Tiere und die Gefährten", sagt er und geht hinaus.

Ich folge ihm, und was sehe ich? Achtzehn Esel mit sechsunddreißig riesigen Säcken bepackt.

„Womit sind die denn gefüllt?"

„Mit Stroh, Efendi. Unserem ehrwürdigen Vater ist das Stroh ausgegangen. Wir haben den letzten Rest von den Böden unserer Scheunen gekratzt und bringen es ihm."

„Aber ihr habt doch jeden Tag gejammert, daß euch das Stroh ausgegangen ist! Was werdet ihr jetzt tun?"

„Für uns ist Allah kerim. (Ein fatalistischer Ausdruck, der besagt: Gott ist groß; irgendwie wird es schon werden. A.d.Ü.) Nun müssen wir erst den ehrwürdigen Vater retten, wir werden schon irgendwie durchkommen. Der Sommer steht vor der Tür." Sie gehen. Am nächsten Tag machen sich andere auf den Weg und wir sehen die Bauern der benachbarten Dörfer durch unser Dorf ziehen. Auch sie haben Stroh geladen. Alle ziehen sie dorthin.

Das heißt, daß in sämtlichen Dörfern der Umgebung kein Hälmchen Stroh übrig geblieben ist. Ich sage zu den Nachkommenden:
„Es genügt doch, hört auf! Mit dem Stroh, das bis jetzt hingebracht wurde, kann man das Vieh von drei Dörfern ernähren. Behaltet den Rest."
„Was geht uns an, was andere hingetragen haben. Ihnen wird Gottes Lohn für dieses fromme Werk zuteil. Wir wollen unseren haben."
„Eh, von nun ab könnt ihr eine Kerze anzünden und über eure Not jammern und klagen: Was werden wir ohne Stroh machen? Im Dorf des Scheichs gibt es einen Überfluß an Stroh."
„Efendi", antworten sie, „wenn die Welt noch besteht, so nur diesem Mann mit dem strahlenden Antlitz zuliebe. Seinetwegen schickt Gott dem Dorf Çekiçler diesen Überfluß. Was können wir dagegen tun? Das für sie bestimmte Schicksal, ihr Kismet, wird auf Gottes Befehl bis zu ihren Füßen getragen."

Die Probezeit

Um Gott näher zu kommen, muß man auch eine Probezeit durchstehen, wie die indischen Fakire. Wer sich jedoch dieser Prüfung unterziehen will, muß dazu die besondere Genehmigung des Oberhauptes haben. In diesesm Winter haben sie nur zwei Leute bekommen. Die hatip (Prediger) der Dörfer Gödeler und Amarat.

Die Probezeit dauert vierzig Tage. Sie ziehen sich in den äußersten Winkel im Inneren des Hauses zurück. Aus Fetzen und Laken machen sie eine Art Vorhang und verbergen sich dahinter. Sie breiten eine Decke unter sich, nehmen die Bücher, die sie lesen wollen, ihren Rosenkranz, und beginnen das Leben der Einkehr.

Jeden Morgen wird ihnen durch ein Loch der Abschirmung

eine Schüssel ungesalzene Linsensuppe gereicht. Der, der sie bringt, und der, der sie entgegennimmt, können einander nicht sehen. Das Wasser für die rituellen Waschungen vor dem Gebet wird ihnen ebenfalls durch dieses Loch gereicht.

Sie gehen nur am Freitag zur Moschee, aber ohne gesehen zu werden. Im Augenblick, wo das Freitagsgebet beginnt, werden sie, in schwarze Tücher gehüllt, von zwei Leuten heimlich in die Moschee geführt. Im Rücken der übrigen Gläubigen sprechen sie schnell ihr Gebet und werden sofort fortgeführt, ehe sich die Gemeinde umgewendet hat. Die ganze Einwohnerschaft betet für sie, damit sie die Probezeit unversehrt bestehen.

In diesem Jahr wurde das Ende der Probezeit mit Ungeduld erwartet. Endlich kam der Tag heran. Ein jeder bestieg seinen Esel und begab sich in das nahegelegene Gödeler, auch aus unserem Dorf. Der Prediger Efendi wurde aus seinem Loch geholt. Mit einem Gefolge von zweihundert Begleitern wurde er, in Schleier und Decken gehüllt, ins Dorflokal gebracht. „Wer das Gesicht des hatip sieht, kommt in den Himmel!" – dieser Gedanke ließ die Gesichter vor Freude strahlen.

„Geliebter hatip! Zeig uns schnell dein Gesicht, damit wir es vor dem Tode sehen. Wenn wir deine Hände geküßt haben, werden wir glücklich sterben!"

Der Hafız

Wir sitzen im Zimmer des Gefreiten Gani. Es ist der 21. Februar. Ein Sturmwind, wie ich ihn bis jetzt nie erlebt habe, fegt draußen die Straßen. Die traurigen Gespräche drehen sich um Sorge, Not und Mühsal.

Da öffnet sich die Tür. Ein Bursche, der wie ein Herr gekleidet ist, tritt ein. In der einen Hand trägt er ein Köfferchen. Er hat die Klappen seines Mantelkragens hochgeschlagen und mit einer Sicherheitsnadel befestigt. In der anderen Hand trägt er das Taschentuch, das er auf der Schwelle von seinen Ohren gezogen hat. Gesicht und Hände sind blaugefroren.

Wir wissen noch nicht, wer und was er ist. Wir sehen ihn erstaunt an. Ich bewundere das Gepflegte seiner Kleidung und schäme mich über mein eigenes Aussehen. Ich habe mich ganz den Leuten im Dorf angepaßt. Mein Gesicht ist trotz meiner jungen Jahre bereits zerfurcht, mein Bart ist einige Tage alt, meine Augen blutunterlaufen. Meine Hose ist voller Flicken, die ich selber draufgenäht habe, und der Mantel, den ich mit viel Bitten und Betteln für achtundzwanzig Lira geborgten Geldes gekauft habe, verbirgt zwar die Löcher meiner Jacke, ist aber auch schon sehr schäbig.

Im Zimmer ist kein Ton zu hören. Alle Augen sind auf den Neuankömmling gerichtet. Seine Hände sind steif vor Kälte, und zwei Burschen stehen auf und helfen ihm. Sie klopfen seinen Hut aus; sie nehmen ihm den Mantel ab und klopfen ihn aus; sie nehmen ihm die Schuhe ab. Er setzt sich hin, aber wir wissen noch immer nicht, wer er ist und was er will.

„Sei uns willkommen! Gestatte mir zu fragen, aus welcher Gegend du bist. Woher du kommst und wohin du gehst, Ağa?" sagt der Gefreite Gani und zerstreut damit die Befangenheit. Der Gast macht ein ernstes Gesicht und fängt zu erzählen an: „Ich bin aus Kırşehir. Ich studiere in der hafız-Schule in Kayseri. Ich habe sie jetzt abgeschlossen und bin auf dem Heimweg. Man sagte mir, daß in Konya ein gelehrter Hoca sei. Ich wollte bei ihm Unterricht nehmen und mein Wissen vertiefen. Also bin ich bei dieser Winterkälte von Kayseri dorthin gegangen und erfahre, daß der Hoca inzwischen gottselig geworden ist. Dort ist mir das Reisegeld ausgegangen, und zu meinem Vater habe ich keine gute Beziehung. Seit drei Jahren habe ich weder einen Brief von ihm bekommen noch hat er mir Geld geschickt. Ich ging also zum Hoca der meistbesuchten Moschee von Konya und erklärte ihm meine Lage. Auch er ist ein weiser Mann. Er brachte mich zur Moschee. Ich las aus dem Koran vor: die ganze Gemeinschaft der Getreuen war so beeindruckt, daß es ihnen die Sprache verschlug." (Bei dieser Stelle werden auch unsere Leute aufmerksam, die Blicke sind begeistert; der kindliche hafız wächst in ihren Augen.) „Nachher haben sie für mich achtzig Lira gesammelt. Von sechzig Lira ließ ich mir diesen Mantel machen; blieben mir zwanzig Lira Reisegeld. Man sagte mir: ‚Mit diesem Geld kannst du deine Heimat nicht erreichen. Gehe von hier nach Aksaray, die werden dich von Dorf zu Dorf schicken, und so wirst du deine Heimat erreichen. Wenn du dort bist, so suche den Mehmet Efendi aus dem Dorf Çekiçler auf.' Als ich dort ankam, suchte ich sein Haus und fand es. Der Hoca von der Großen Moschee war ebenfalls tüchtig, dort hat man auch fünfzig bis sechzig Lira gesammelt. Gestern gab mir Mehmet Efendi zwei Leute mit, und ich kam zum unteren Dorf Çimli. Der ehrwürdige Vater läßt euch alle grüßen, er hat dieses Papier geschrieben." (Er nahm es heraus.) „Von Çimli brachten mich zwei Leute bis zum unteren Ende des Dorfes und kehrten um. Im Dorf Çimli ist ein Lehrer, ein Verrückter. Der hat gesagt: ‚Gebt ihm nichts!' Er machte in der Gemeindestube Krach, bekam Streit mit den Scheichs und wurde von ihnen hinausgeworfen. Man hat ohnehin keinen Nutzen von diesen Eselssöhnen. Hoffentlich habt ihr nicht in eurem Dorf einen solchen Lehrer!"

Ich saß neben ihm. Alle blickten mich an. Es wurde deutlich, daß ich der Lehrer war. Was sollte ich tun, was konnte ich sagen? Ich mußte den Ausdruck „Eselssohn" hinnehmen. Schneebedeckte Berge umgeben mich ringsrum. Dummheit umzingelt mich. Selbst wenn man ein Vogel wäre und Flügel hätte, man könnte nicht entweichen. Diese Leute würden einen in einem Löffel voll Wasser ertränken.

Es ist hier schwerer, durch sanfte Worte, Logik und Verstand zu seinem Recht zu kommen, als ein Kamel über einen Graben springen zu lassen. Entweder man gibt nach oder man geht. Aber wie könnte ich gehen? Ich sitze hier fest.

Das Beste ist, sich demütig dareinzufinden, aber komm und frag mich, ob das leicht ist? Es kränkt einen, es wurmt einen. Man versinkt vor Scham in der Erde.

In meinem Kopf rumorte es. Der Teufel bedrängte mich: „Laß dir diese Beleidigung nicht gefallen! Du bis der Vorkämpfer der Reformen Atatürks in diesem Dorf. Dir kommt es zu, diese Zunge, die die Armee der Lehrer beschimpft, auszureißen!"

Aber was vermag ein einzelner Mann gegen diese Macht der Finsternis? Welche Sprache muß ich sprechen, um mich verständlich zu machen? Ich überlege, kann aber trotzdem keinen Ausweg finden. Ich quäle mich bloß selber. Der hafız aber erzählt weiter:

„Gestern abend habe ich in Çimli ein wenig aus dem Koran rezitiert, und bis zum Morgen haben wir Zikir (Gebetsrezitation) gemacht. In jenem Dorf gibt es keinen, der nicht Scheich geworden ist. Wie ist es hier bei euch?"
„Genauso, hafız Efendi, genauso!" antworteten sie. Welche teuflische Gabe hatte dieser Mensch? Diese Leute, die seit dem frühen Morgen neben mir vor Kälte zitterten und nicht wußten, über welche ihrer Sorgen sie zuerst jammern sollten, gerieten in Verzückung und schwärmten. Der hafız sprach weiter:
„Die wollten mich gar nicht fortlassen, ich bin nur mit Mühe losgekommen. ‚Bleibe hier bis zum Frühling, wir werden umhergehen und sehr viel für dich einsammeln', sagten sie. Als ich aber nicht bleiben wollte, sammelten sie fünf bis sechs kile Getreide, verkauften es und gaben mir das Geld. Dieses hier ist das Dorf, worauf ich mich am meisten verlasse. Das hat mir übrigens Mehmet Efendi gesagt. Nun also: Ich warte."

Ein Lärm, ein Durcheinander entsteht: „Aber das ist sehr leicht, mein Freund, sehr leicht", tönt es. Händedrücke, Umarmungen, Küsse. Und zu mir sagt man: „Steh auf und geh, Mamidefendi, hier ist kein Platz mehr für dich!"

„Geh nicht", sagen sie zum anderen, „geh nicht, hafız Efendi. Bleibe hier. Was wirst du dort schon tun, wo du hinkommen wirst? Wir werden dir hier ein kismet (die Nahrung, die ihm von Gott bestimmt ist, A.d.Ü) zu Füßen legen."

Der hafız entscheidet, daß er am nächsten Morgen unbedingt weitergehen werde, und befiehlt, man möge sein kismet sofort sammeln; die Leute, die ihn begleiten und führen sollten, sollten sich sofort vorbereiten.

„Mach dir keine Sorgen! Bei Gott, wir tragen dich auf dem Rücken dahin!"

Ich stelle dem Burschen, der behauptete, zwanzig Jahre alt zu sein, einige Fragen und treibe ihn ein wenig in die Enge. Er mault verdrießlich. Ich könnte lachen und darüber hinwegegehen, aber soll man dieses Gaunerstück zulassen? Dazu beschimpft er noch jene Menschen, die diesem Land wirklich nutzen. Doch die Bauern ergreifen sofort seine Partei:
„Laß, Efendi, laß ihn um Gottes Willen in Frieden. Du, du bist noch nicht einmal würdig, ihm Wasser zu reichen. Geh du nur zu deinen Büchern zurück. Dieser da ist ein wahrer Mensch!"

Und ähnliche, schwer zu ertragende Redensarten mehr! Man nimmt mich ohnehin nicht sehr wichtig, aber diemal werde ich ganz erniedrigt: „Steh auf und geh, sagen wir dir! Geh weg!" knurren sie und jagen mich fort. Da es bereits Abend ist, stehen sie auf, um zur Moschee zu gehen. Wir gehen zusammen hinaus. Da kommt der Scheich Celal angelaufen und packt den hafız am Arm:

„Es wäre gut, wenn du nicht von hier weggehen wolltest. Wenn es um dich geht, finden wir für alles eine Möglichkeit. Wir werden dir die Kinder anvertrauen. Es genügt schon, daß du das Ansehen unseres Dorfes vergrößerst. Wenn du die Kinder nimmst, dann soll der Lehrer gehen, wohin er will."

Die Nachricht von der Ankunft des hafız hatte sich schon von Haus zu Haus, von Lokal zu Lokal herumgesprochen. Und sie vergessen nicht hinzuzufügen: „Der Lehrer hat ihn angegriffen." Das ganze Dorf versammelte sich vor dem Lokal. Wieder Umarmungen und Küsse. Sogar meine Kinder haben sich im Nu von mir abgewendet und dem hafız zugewandt. Die Kinder, die mich immer und überall gegrüßt haben und zu mir gekommen sind, laufen in diesem Sturm zur Moschee und schauen mir geringschätzig ins Gesicht, sobald sie die Hand des hafız geküßt hatten. Ich fühle in meinem Innern einen reißenden Schmerz und bleibe ganz allein.

Der Sturm tobt weiter, aber was kümmert mich der Sturm! In mir brennt der Zorn. Ich muß an eine Zeile von Talip Apaydin denken: „Was soll der Mensch machen, wenn es so ist." In meinem ganzen Leben habe ich keinen so großen Schmerz empfunden. Ich kann mich kaum zurückhalten. Beinahe hätte ich laut losgeheult. Während die anderen zur Moschee gehen und ich zum Schulhaus, höre ich sie hinter meinem Rücken reden:

„Diese Lehrer, oder wie sie sich sonst nennen! . . . Man sollte sie fortjagen! Sollen sie doch verschwinden und sich nicht mehr in die Angelegenheiten der Hocas und Hacıs einmischen. Wir haben uns gesagt: Er ist einsam und fremd! Und jetzt will er uns auf den Kopf steigen! Er stört unsere Gäste und belästigt sie. Am besten wäre es, wir erledigen ihn einfach!"

Ich hatte mit dem Gefreiten Gani sprechen wollen, damit ich im Dorflokal schlafen kann, denn der Raum, in dem ich wohne, ist noch viel ärger als das Wetter draußen. Ich habe auch nichts mehr zum Heizen. Der Wind bläst durch den Ofen. Außerdem ist bei diesem schlechten Wetter meine Einsamkeit noch viel schmerzlicher. Ich habe mich einsam gefühlt und fand eine Art Trost, als ich das Lokal betrat. Der Gefreite Gani ist auf die Leute wütend. Er versteht meine Lage. „Hier geht es nicht", sagt er. „Welchem von diesen Dickschädeln kannst du was erklären? Gehen wir zu mir nach Hause." Aber Ich mag seine Familie und seine Kinder nicht stören. Es bleibt mir also nichts anderes übrig, als in die Schule zurückzukehren.

In der Lampe gibt es kein Petroleum, kein Öl im Topf, kein Geld in der Tasche. Es gibt nur einige trockene Brotfladen, aber ich mag sie nicht essen.

Draußen Sturm, drinnen Sturm! Mein Magen knurrt vor Hunger. Meine Nase rinnt, meine Augen auch. Mein Herz ist so schwer, daß ich glaube, wenn meine Tränen auch jahrelang fließen wollten, sie würden nicht versiegen. Ich strecke mich auf mein Bett und schluchze bitterlich.

Der hafız saß jetzt bestimmt auf einem Kissen und erzählte. Da ich nicht dabei bin, kann er jetzt freier aufschneiden und prahlen. Vielleicht bedenkt er mich mit neuen Beschimpfungen. Sicherlich küßt man ihm jetzt die Hände und Füße. Jeder ist zufrieden. Gut, aber was tue ich dann hier?

Zu dieser Stunde spielen in den großen Städten die Radios. Die Restaurants und Cafes sind voller Leute. Die Mägen sind satt, man ist zufrieden. Wer weiß, an welchem Ort man zu dieser Stunde Reden über „Vaterland" und „Heimat" hält! Wer weiß, wo ein Redner vielleicht erzählt, daß die Probleme auf dem Land mit Riesenschritten ihrer Lösung entgegengehen. Indessen gehen die Mächte der Finsternis im Laufschritt ihren Weg. Niemand hat eine Ahnung davon. Und niemand kümmert sich darum.

Ich verbringe die Nacht in Alpträumen, halb schlafend und halb wachend. Mein Körper ist vor Kälte ganz steif geworden.

Gegen Mittag bringt der Sohn des Gefreiten Gani einige frische Stücke Brot und einen Kuhfladen zum Brennen. Gefreiter Gani! Ich werde dich mein Leben lang nicht vergessen!

Das Kind erzählt:
„Mein Lehrer, bis zum frühen Morgen haben sie heulend Gebete aufgesagt. In der Früh haben sie für den hafız Getreide zu sammeln begonnen, nachdem sie die Moschee verlassen haben. Dann haben wir ihn alle zusammen mit Sang und Klang zum Dorf hinausbegleitet."

Schule und Unterricht

Unsere Schule

Das hier ist ein Dorf von ungefähr siebenhundert Einwohnern. In diesem Jahr haben sie zum ersten Mal eine Schule bekommen. Der Altenrat ließ die vier Mauern, die für das Schulhaus errichtet wurden, in aller Eile recht und schlecht mit Schilf, Strohmatten und allem möglichen, was sie auftreiben konnten, decken. Sie beeilten sich, denn sie meinten, daß die Regierung diese Art von Dach nicht zulassen würde, wenn sie es erfährt. Die Tatsache, daß wir einen Teil der Moschee als Schulhaus benutzten, hatte sie in Trab gesetzt. Diese Mauern waren schon vor längerer Zeit errichtet worden. Hätte man sie in diesem Jahr nicht bedeckt, so wären sie durch den Regen zum Einsturz gebracht worden. Auch 1936 waren für ein Schulhaus vier Mauern errichtet worden, aber da sie nicht bedeckt wurden, verfielen sie allmählich, und die Bauern teilten die Steine unter sich.

Sie sagten mir auch: „Efendi, wenn sie dich dieses Jahr nicht geschickt hätten, würden wir auch dieses Schulhaus niederreißen. Für fünf bis zehn Jahre hätten wir unsere Ruhe vor dieser Schule der Ungläubigen. Aber es kam doch anders."

Unser Einzug in die Moschee, bis das Schuldach gedeckt wurde, war ebenfalls eine heikle Angelegenheit. Der Prediger protestierte: „Ich öffne nicht die Moschee für eine Schule der Ungläubigen!" Es heißt allgemein, daß die Gemeinde das wiederholt, was der Prediger sagt. Es fehlte nicht viel, und das Dorf wäre in Aufruhr geraten. Glücklicherweise hatte sich der Lehrer durch seine sanfte Sprechart und seinen guten Charakter beliebt gemacht. Es genügt, wenn man sagt: „Er hat kein Auge auf Mädchen und Bräute geworfen. Er ist ein anständiger Mensch!" Damit war alles erledigt.

Nachdem wir zwei Monate in der Moschee Unterricht gehalten hatten, zogen wir in einen gedeckten Teil der Schule um. Sie werden fragen: „Sind wenigstens Hilfsmittel für den Unterricht vorhanden?" Keine Spur! Wir kauern auf Schlafstellen und lernen. Schulbänke? Schwarze Tafel? Man kennt nicht einmal die Worte.

Aber man soll doch ja nicht glauben, daß mit der Eröffnung der Schule alles getan ist. Danach muß man die Väter überreden, ihre Kinder zur Schule zu schicken. Wenn sie keine Lust haben, pfeifen sie auf das Gesetz Nr. 4274.

„Efendi, du bis auch ein Bauer, du bist auch einer von uns; deshalb haben deine Worte Eingang in mein Herz gefunden. Denn was nützt es schon, wenn das Kind zur Schule geht? Allah läßt den Schlund, den er gebohrt hat, nicht hungrig. Er braucht nichts anderes zu tun als sein Vater. Soll er doch hinter den zwei Ochsen hergehen und den Pflug führen und seiner Arbeit nachgehen."

„Wenn er nur soviel lernt wie er braucht, um beim Militär durchzukommen und soviel, um seine Briefe schreiben zu können! Der Rest ist für uns Verschwendung."

Zum Glück haben sie Angst davor, beim Militär nicht schreiben oder lesen zu können. Aber im ganzen Dorf gibt es kaum zehn Leute, die beim Militär recht und schlecht ein wenig Lesen gelernt haben.

In meinem Eifer brachte ich die Kinder in der ersten Klasse so weit, daß sie die Zeitung lesen können. Die Lösung der dörflichen Probleme wird wieder aus dem Schoße dieser leidvollen Dörfer kommen. Das ist meine feste Überzeugung.

Die sogenannte Mahalle-Schule

Wir schreiben Artikel und spielen Theaterstücke über diese Schulen und sagen: so waren damals die Mahalle-Schulen. Als ob es jetzt diese Schulen nicht mehr gäbe!!!

Es war Montag. Die Uhr schlug zehn, aber es sind nicht einmal zehn Schüler in der Klasse anwesend.
„Mein Lehrer, sie sind zur Schule des Gefreiten gegangen, um den sabah (Morgengebet) zu lernen. Wir haben es schon gelernt und sind gekommen; die anderen werden auch bald da sein."

Das Blut stieg mir zu Kopfe. Wie soll es auch nicht? Wo kommt *der* plötzlich her? Das heißt also, daß der Gefreite Isa eine Schule eröffnet hat?!

Seit Tagen hörte ich zwar das Gerede davon: Jedes Jahr lehrt der Necati Hoca oder sein Sohn Keleş Hoca. Als dieses Jahr Necati Hoca krank wurde, bestieg der Gefreite Isa seinen Thron, denn man hielt ihn für den würdigsten dafür. Und Mulla Mehmet übergab ihm sofort seinen Raum zu diesem Zweck. Dabei hatte man ihn darum für unsere Schule gebeten. Aber er hatte immer wieder „nein" gesagt.

Kurz, ich hatte zum Schluß doch die Kinder wieder zurückgewinnen können. Man hatte sie alle überredet. Aber ich habe auch ihnen zugeredet, und jetzt sind die Schüler ziemlich pünktlich. Zwar gehen die meisten in aller Frühe zuerst in die andere Schule und kommen danach hierher, aber was kann man dagegen tun!

Ich erkundigte mich nach diesem Unterricht. Es war Montag. Einige lernten den „Elham", einige den „Sübhane", andere den „Allahümme Salı" (verschiedene Gebete, A.d.Ü.) auswendig.

Eine Woche danach — ich weiß nicht, was dem Mulla eingefallen sein mag — wies er ihnen die Tür und sagte: „Findet einen anderen Raum für eure Kinder!" Wenn das unserer Schule passiert wäre, stünden wir hilflos auf der Straße. Aber die Bedeutung der anderen Schule ist eine ganz andere.

Sofort versammelten sich die Notabeln und die Ağas. Der alte Stall des Hüseyin Ağa wurde als zweckmäßig angesehen. Die Tiere werden in den anderen Stall getrieben. Obwohl es nur ein Stall ist — Hauptsache, man ist unter einem Dach. Der Gefreite Isa hält jetzt seinen Unterricht dort. Morgens sieht man die Kinder mit Schafsfellen in der Hand zum Stall gehen. Die meisten sind Mädchen.

Eines Tages nahm ich während einer Pause zwei Kinder mit und ging, den Unterricht des Gefreiten Isa zu besuchen. Als wir uns der Tür näherten, drang uns Lärm entgegen. Sie rezitierten im Chor. Ich stieß die Tür auf. Der Hoca erhob sich, nach einigen Willkommensworten forderte er mich auf, auf seinem Kelim Platz zu nehmen. Drinnen waren siebzig bis achtzig Kinder. Sie saßen auf den Schafsfellen und pufften einander, lachten und schrien. Zwei von den Mädchen hielten Säuglinge auf dem Schoß. Beim Auswendiglernen der Gebete schaukelten sie die Babys. Die Mädchen werden hierher geschickt, doch nicht zu uns. Insgesamt haben wir nur vier Mädchen einschreiben können. Und auch die sind noch nie zur Schule gekommen.

Ich wollte den Hoca nicht beleidigen und setzte mich. Es war ohnehin nicht möglich, sich nicht zu setzen; denn die Schilfdecke, von der Spinnweben herabhingen, war zu niedrig. Der Hoca ließ die Suren (Gebetsabschnitte), die die Kinder recht und schlecht auswendig gelernt hatten, mit lauter Stimme aufsagen. Er sagte Wort für Wort vor, und die Kinder wiederholten im Chor.

Ich blieb fünfzehn Minuten drinnen. Ich blieb zwar, aber man frage mich nur nicht, wie! Das Innere des Stalles war nicht einmal oberflächlich gereinigt worden. Die Löcher in der Mauer waren voller Insekten. Der gestampfte Boden und die Schafsfelle waren voller Kuhmist. Die Luft war staubig. Überall ein unbeschreiblicher Schmutz. Wollte man einen Gefangenen sagen: „Wohne hier für einen Tag, und es wird dir dafür ein Jahr angerechnet!" er würde nicht annehmen.

Jede Woche regnete es am Donnerstag „Freitaggaben" (der Freitag ist der geheiligte Wochentag der Mohammedaner. A.d.Ü.) für den Hoca: Tabak, Zigaretten, Töpfe voll bulgur, weiße Bohnen, Getreide.

Jeden Tag wird dem Hoca von einem anderen Kind ein Sitzpolster oder ein Kelim gebracht. Wessen Ohr gezogen wird, dem fällt diese Aufgabe zu. Auch die Verpflegung des Hocas an diesem Tage fällt diesem Kind zu. Wenn einem Kind, das bis zum „Elham" fortgeschritten ist, das Ohr gezogen wird, so ist es seine Pflicht, Tabak und ähnliches als Belohnung zu bringen. Das habe ich alles von meinen Kindern erfahren.

Das im Schulraum aufgeschlagene Zelt

Vom 15. bis zum 20. April hat es ununterbrochen geregnet. Das Wasser sickerte durch das Dach der Schule wie durch ein Sieb. Aus dem schmutzigen Wasser, das herunterrann, bildete sich im Innern ein See. Ein Teil der Mauer brach ein. Die Kinder hatte ich alle nach Hause geschickt. Es reichte mir schon, wenn ich mich selber und meine Sachen retten konnte. Im Dorf, wo immer man auch hingehen mag, steht es noch viel schlimmer.

Was kann denn ein Armer wie ich schon besitzen? Ich häufte die Sachen vor den Fenstern auf und rettete so die Hälfte davon. Da der Boden ohnehin aus Erde bestand, grub ich in der Mitte des Raumes eine Vertiefung. Das auf den Seiten herabtropfende Wasser sammelte sich dort. Ich grub etwas trockene Erde aus, brachte sie im Ascheneimer in eine Ecke und breitete sie dort aus, faltete die Matratze zusammen und legte sie darauf. Die Füße des Feldbettes klappte ich zusammen und stellte sie vor das Fenster. Das Bettlaken spannte ich und nagelte es an die Wand. Es sollte die Funktion eines Zeltes übernehmen. Darunter würde ich vom Regen verschont, selbst wenn ich mich zusammenkauern müßte. Es war so, wie ich es mir gedacht hatte. Das Tuch hatte diese Ecke vor dem Guß bewahrt. Es gab ein ausgezeichnetes Zelt ab. Darunter hatte ich ein Obdach, trocken wie ein Vogelnest. Ich saß gebückt unter diesem Zelt, das ich in einer Ecke des Hauses aufgeschlagen hatte, stand auf, sobald das Wasser des Sees stieg und sich dem Zelt näherte, und schüttete einige Eimer davon hinaus. Auf diese Weise erreichte das Wasser nicht das Zelt.

Kein Mensch kam vorbei. Jeder hatte seine eigenen Sorgen. Und ich erlebe mein eigenes Abenteuer: Am Ufer des plötzlich vom Himmel kommenden Sees beobachte ich unter meinem Zelt das Wasser, das in riesengroßen Tropfen an die Wand spritzt. Die Tropfen klatschen und bilden auf der Oberfläche Kreise. Die gekrümmten Beine werden lahm. Ich strecke sie manchmal unter die Tropfen aus.

Zum Glück hatte ich mir einen Spirituskocher gekauft, als ich noch einige Kuruş besaß. Außer den notgedrungenen Ausgängen, wenn ich meine natürlichen Bedürfnisse verrichtete, verbrachte ich so fünf Tage und Nächte lang. Wie hätte ich meinen Ofen heizen sollen? Ich hatte das Ofenrohr zum Fenster hinausgesteckt. Aus ihm floß auch Wasser herein. Doch auf dem Spirituskocher kann man keinen Topf zum Kochen bringen. Es blieb mir nichts anderes übrig, als unter dem Zelt Eier zu kochen. Brot, Salz und einige Eier.

Manchmal hing ich unter dem Zelt meinen Gedanken nach; manchmal schlief ich. Es ist unbeschreiblich, was ich gelitten habe. Ich betrachte meinen Zustand in dieser vom Dorf weit entfernten und verfallenen Schule und kann immer noch nicht glauben, wie mir so etwas widerfahren kann. Ich änderte das berühmte Gedicht des Orhan Veli und paßte es meiner Lage an:

Es gibt einen See in meinem Haus,
Am Ufer des Sees mein Zelt.
Es regnete auf mein Zelt
Und ich, ein Romanheld,
Ein Soldat im Kampf des Unterrichts,
Beiße die Zähne zusammen,
Versuche mein Leben zu leben.
Vor zwei Jahren fing es an.
Wer weiß wo, wer weiß wie,
Wer weiß, wann es enden wird, mein Schicksal. . .

Trotz allem bin ich derjenige, der in diesem Regentagen noch am glimpflichsten davongekommen ist. Die meisten hatten sich in die Höhlen an den Hängen verkrochen. Der Regen hatte die meisten Steinmauern zum Einsturz gebracht. Als ich hinausging, war das erste, was mir auffiel, der Stall des Hüseyin Ağa. Er war völlig eingestürzt. Wie Sie wissen, das war der Stall, in dem der Gefreite Isa die Kinder unterrichtete.

Die herrliche Schule

Wir konnten den Klassenraum nicht decken. Wir beschlossen, also mit dem Lehrerhaus, das mit einem allermodernsten Dach bedeckt war, vorliebzunehmen. Die Kinder wurden wieder alle vom Sitzen auf der Erde krank. Wir warteten sehnsüchtig auf besseres Wetter.
Bei uns ist soviel Staub wie Sand am Meer. Schlucke, soviel du schlucken kannst!
„Kinder, dieser Staub wird uns eines Tages umbringen!"

„Herr Lehrer, es ist immerhin noch besser als die Kälte draußen."

Eines der Zimmer ist unsere Bleibe. Vorläufig ist das beste, was wir tun können, nicht zu kehren. Wir sammeln die Papierfetzen und was sonst noch auf den Boden fällt, und das ist alles. Trotzdem waren alle Gegenstände mit Staub bedeckt. Man kann putzen, soviel man will, wenn man sich umdreht, liegt der Staub wieder auf seinem Platz.

Wenn man draußen den Kopf wäscht und hineingeht, staunt man, durch welchen Staubsturm man wohl gegangen sein mag.

Aber wir sind trotzdem dankbar. Der Winter ist nahe. Wenn der Januar nicht wieder so mild ist, daß wir draußen Unterricht halten können, dann sind wir verloren.

„Wenn wir uns wenigstens irgendeinen Ofen anschaffen könnten!" denke ich mir, aber die Kuhfladen werden zu Asche, ehe sie verbrannt sind, und ihr Staub vermehrt den schon vorhandenen. Ich überlege und frage mich, welches wohl das kleinere Übel sei: die Kälte oder der Staub. Am Morgen ist es wirklich eine Prozedur, meinen Hals, der einem Fabrikschlot ähnelt, und meine Nase zu säubern. Zum Glück erwies sich dieses Gerüst aus Fleisch und Knochen als widerstandsfähiger, als ich gedacht hatte.

Die moderne Küche

In einem dieser Zimmer baute ich aus zwei Steinen einen Herd. Dort koche ich meine Speisen. Das Kochen geht noch, der Ruß, der unaufhörlich die Augen brennt, der Rauch, alles geht noch an, aber das Spülen ist eine Plage, die einem das Leben abkürzt.

Ich las in einer Zeitschrift: Sehr bald werden alle unsere Verrichtungen vom Atom verrichtet werden. In zwei Minuten werden die Speisen gekocht und uns vorgesetzt werden können: Großartig! Bringt es und setzt es mir vor!

In welchem Land erscheint diese Zeitschrift? Was bedeutet für uns das Atom und ähnliches? Wenn wir die tausendjährigen Errungenschaften der Zivilisation in unserem Lande verbreiten könnten, wäre das genug. Mehr brauchen wir gar nicht.

Salma

Durch dauerndes Schreiben an das Kulturministerium gelang es mir, die Aufmerksamkeit auf uns zu ziehen. Gleichzeitig konnte ich auch den muhtar interessieren. Schließlich kam die Anordnung, den salma (eine Steuer, die nur auf dem Land erhoben wird, A.d.Ü.) rasch einzutreiben und für den Bedarf der Schule zu verwenden.

Jetzt werden wir die Steuerschuld der Bauern sammeln und für die Schule Fenster, Ofen und Bänke kaufen. Auch der muhtar ist nun einsichtig. Er macht keine Schwierigkeiten. Wir ließen es ausrufen, aber niemand kam. Die Nachtwächter liefen ebenfalls von Haus zu Haus, aber die einen waren geflüchtet, die anderen stellten sich krank und wieder andere sagten einfach „Nein!".

Im Budget des Dorfes sind 650 Lira für die Schule vorgesehen. Aber was eingeht, sind nicht einmal 60 Para. (Kaum ein paar Pfennige). Ich verstand, daß wir nichts erreichen, wenn ich nicht aktiv würde. So krempelte ich die Ärmel auf und ging los. Der Dorfschreiber, der Altenrat und ich gingen Steuern eintreiben. Doch selbst wenn wir sämtliches Hab und Gut aller Häuser zusammenbringen wollten, so würde das kaum die Summe ihrer Schulden ausmachen. Jeder hat mindestens 30 Lira Schulden.

Als wir beim ersten Haus ankamen, liefen die Leute vor unseren Augen hinein und sperrten uns die Tür vor der Nase zu. Einige aus dem Ausschuß schlugen vor, die Tür einzubrechen, aber das ließen wir sein und gingen weiter. Inzwischen sperrten natürlich jene, die uns sahen und den Sachverhalt errieten, die Türen ab und versteckten sich dahinter. Anderen wieder ging das gegen die Ehre, und sie ließen ihre Türen offen. Sie baten, ihnen bis zum nächsten Morgen Frist zu lassen, damit sie ihre Schulden bezahlen könnten. An jenem Tag konnten wir insgesamt nur einen einzigen Zahlschein für 4 Lira quittieren. Da wir alle Türen verschlossen fanden, konnten wir auch nichts pfänden.

Wenn man alle diese alten Schulden der Bauern einsammeln könnte, dann ließen sich damit einige Schulen bauen.
Aber wovon soll der Bauer Schulden bezahlen?
Da sich der Altenrat sehr in die Enge getrieben fühlte, wagten sie nicht, die Sache so wie jedes Jahr zu übergehen. Sie forderten Gendarmerie an. Die Gendarmen kamen. Sie beschlagnahmten, was sie in den Häusern fanden: altes Zeug, Lumpen, Decken, Kochgeschirr, Eßgeschirr, Bettdecken, Kelims. Diese Dinge wurden alle im Hause des Nachtwächters aufgestapelt. Jetzt bleibt uns offensichtlich nichts anderes übrig, als die Schulbänke aus Kupfer zu machen und den Fußboden mit Fetzen und Decken auszulegen.

Zeitung

In meinem Wohnraum stellen die Zeitungen den größten Teil meines Besitzes dar. Da ständig neue ankommen, staple ich sie in einer Ecke. Jetzt ist keine einzige davon mehr zu finden, obwohl ich sie so dringend brauche wie Medizin. Die paar Zeitungen, die ich auf meine Sachen gelegt habe, um sie vor Staub zu schützen, konnte ich gerade noch retten. Manch nützlicher Artikel, den ich ausgeschnitten hatte, um ihn aufzubewahren, ist ebenfalls verschwunden. Sogar die Zeitschriften rissen sie mir aus den Händen. ‚Varlık' und ‚Köy Postası' sind wegen ihres großen Formats besonders beliebt. Es war mir nicht möglich, auch nur eine einzige Ausgabe der „Dorfpost" zu retten.

Sie werden fragen: „Was machen die Leute denn mit diesen Zeitungen? Sie werden sie doch nicht etwa lesen?"

Sie kleben die Zeitungen in die Fensterlöcher. Einer sieht es dem anderen ab und erscheint:
„Um Gottes Willen, bitte Zeitungen, Herr Lehrer, die Kinder werden vor Kälte krank."
„Aber was habt ihr denn bis jetzt gemacht?"
„Efendi, wir haben die Fenster mit Fetzen ausgestopft. Jetzt hat der Soundso sie mit Papier verklebt, und wir wollen das auch so tun und dachten, du wirst uns auch was geben. Es sieht nämlich so vornehm aus!"
Wer sagt, daß der Bauer nicht auf Vornehmheit hält?
Wenn es nur in seiner Reichweite ist!

Der Vorreiter dieser Mode war der Gefreite Gani. Er hatte die beiden ziemlich großen Fenster des Dorflokals vollständig mit Papier verklebt. Zum Kleben nahm er Mehlkleister.

Wer jetzt kommt, muß wieder mit leeren Händen gehen. Sie betteln: „Such in allen Ecken!" Aber es ist umsonst. Die Vorräte sind erschöpft.
„Könnt ihr nicht Scheiben kaufen?" frage ich.
„Du glaubst, daß uns nur die Scheiben fehlen, Herr Lehrer. Wo wir doch sogar den Jungen ohne Schulheft zu dir schicken."

Eine Leidenschaft

Man wird mich fragen: „Woher kommt diese Leidenschaft für Zeitungen?" Es lohnt sich wirklich, es zu erzählen. Nach der Volksschule und bis zur zweiten Klasse der Lehrerschule hatte ich keine Ahnung, daß außer den Schulbüchern auch andere Publikationen – Zeitungen, Romane, Zeitschriften usw. –

herausgegeben werden. Im Dorf, das wie eine geschlossene Schachtel ist, hatten wir alles auswendig gelernt, ohne den Sinn zu verstehen. Ein Beispiel: Als Kind hatten wir in der Naturkunde-Stunde etwas gelernt über die Häuser aus kerpiç. (Lehm mit Stroh, das Baumaterial für Lehmhütten. A.d.Ü.) Kerpiç werden in unserem Dorf die Formen genannt, in denen man die Kuhfladen preßt.

Ich weiß nicht wie es kam, in der dritten Klasse ergriff mich plötzlich die Leidenschaft für Zeitungen und Zeitschriften. Und welch eine Leidenschaft! Sie hatte mich später so gepackt, daß ich während der vorgeschriebenen Arbeitszeit vor lauter Zeitschriftenlesen kein Lehrbuch mehr anrührte. Jede Seite einer Zeitung, einer Zeitschrift oder eines Buches eröffnete mir Märchenwelten. Meine enge, kleine Welt weitete sich. Und je mehr ich lernte, desto größer wurde mein Wissensdurst. Erst jetzt begann ich, denken zu lernen.

Ich verschaffte mir die Adressen von ein oder zwei Zeitschriften und abonnierte sie. Von nun an erwartete ich den Ersten jedes Monats mit fieberhafter Aufregung. Das Lauern auf die Post wurde allmählich krankhaft. Wie oft stritt ich mit dem Verantwortlichen der Schule, der die eingetroffene Post zu lange liegen ließ? Wenn sich zwei oder drei Sendungen angehäuft hatten, beauftragte der Direktor den Lehrer, der jeweils an der Reihe war, die Post zu verteilen.

Innerlich fraß ich mich auf. Niemand bemerkte, was in mir vorging. Es kam manchmal vor, daß ich die Zeitschriften mit Gewalt dem Verantwortlichen abnahm.

Ich wurde fast verrückt, wenn ich durch das Fenster die Zeitungen und Zeitschriften, Rolle für Rolle mit Bindfaden schön eingebunden, daliegen sah. Manchmal drängte es mich, die Scheibe einzuschlagen und sie mir zu nehmen.

Ich ging zum Direktor und vertraute ihm meine Nöte an. ,,Ler-

ne deine Aufgaben. . . Du bist doch ein vernünftiger Mensch!"
Wozu brauchst du Zeitungen?"

Auch die Freunde machten sich nicht wenig über mich lustig. Schließlich wurde mir verboten, in der Klasse irgend etwas außer den Schulaufgaben zu lesen. Das war ein schwerer Schlag für mich.

Aber es fehlte nicht mehr viel, bis ich meine Freiheit erlangen würde. Ich legte mir wunderbare Träume zurecht: ich würde an einen belebten Ort versetzt. . . jeden Tag käme die Post. . . jede Post bringt mir Bücher, Zeitungen und Zeitschriften. . . Welch' eine Wonne!

Aber, wie das so ist, hatte ich die Rechnung ohne den Wirt gemacht.
Ich kam in ein Dorf, wo keine Eisenbahn und keine Straße hinführt. Von nun ab mußte ich auf die Post warten, immerzu warten. Ich abonnierte einige Zeitschriften und Zeitungen. Ich konnte mich glücklich preisen, wenn von fünf eine in meine Hände gelangte. Jeden Tag mußte ich herumfragen, ob jemand in die nächstgrößere Ortschaft geht. Ich schrieb einen Brief an die betreffende Person, deren Adresse ich angegeben hatte. Wenn der Bauer es nicht vergaß, so brachte er mir die Post. Es kam aber oft vor, daß er es vergaß oder die betreffende Adresse nicht hatte finden können.

Die Zeitschrift ‚Varlık' bekam ich am regelmäßigsten. Doch die Nummer vom Ersten des Monats kam gewöhnlich Mitte des Monats in meine Hände. Oft kommt es vor, daß es Monatsende wird, ehe es soweit ist.

Die übrigen Zeitschriften erhielt ich oft nach drei oder vier Monaten. Schickte man sie nicht regelmäßig? Gingen sie unterwegs verloren?
Jetzt denke ich an meine Geschwister, die unbehelligt von solchen Sorgen friedlich im Dorf ihr Leben fristen, und überlege

mir, ob das, was sie Kultur nennen, nicht vielleicht Unglück für Menschen ist, die ganz gut auch ohne sie leben können. Nicht umsonst hat Tarancı gesagt: „Wissen heißt vollkommen brennen."

Das Leben

Die Zeitschriften und Bücher, die unter tausend Schwierigkeiten in meine Hände gelangten, machten mir ab und zu bewußt, daß ich am Leben war. Doch es genügte nicht, mir Freude und Schwung zu verschaffen.

Was mein Herz begehrt, kann ich nicht finden und nicht bezahlen.

Ich wünschte mir ein Grammophon. Obwohl es nicht sehr abwechslungsreich ist, so könnte ich es doch ab und zu mal spielen, damit meine Ohren nicht einrosten. Aber daraus wurde nichts.

Ein Freund aus der Provinzstadt, dem ich meine Not geklagt hatte, riet, ich sollte mir ein Radio mit Kopfhörer kaufen, weil dies billiger sei als ein Grammophon. Ich schrieb nach Ankara an einen Freund. Der erklärte mir, daß ein solches Radio, das im Dorf einwandfrei arbeiten würde, 42 Lira koste.

Zuerst freute ich mich sehr. Ich glaubte, daß es mir gelingen würde, aber inzwischen sind schon sieben Monate vergangen und ich habe immer noch nicht die 42 Lira zusammenbringen können. Schließlich mußte ich darauf verzichten.

Zwar ist für einen Menschen in meiner Lage der Wunsch nach einem Radio ein unnötiger Luxus. Aber was kann man tun, der Mensch hat eben Wünsche!

Jedesmal, wenn ich in die Provinzstadt gehe, mache ich beim

Kaufmann Schulden, und drei Monate später, sobald ich Geld bekomme, bezahle ich sie. Ich mache mir zwar nichts aus Zigaretten und Getränken, aber ohne zwei Zeitungen zu kaufen und ohne den Kindern einige Bonbons als Geschenk mitzubringen, ist mein Rückweg ins Dorf eine traurige Angelegenheit. Seit meiner Geburt weiß ich nicht, was es heißt, Geld in der Tasche zu haben. Das Geld, das ich bekam, gab ich weiter, ehe ich Zeit fand, es einzustecken.

Einmal hatte ich mir von einem Freund, einem Photographen, zehn Lira geborgt. Bevor noch der Monat um war, kam ein Brief: „Ich fahre nach Istanbul, um nötiges Material zu kaufen. Schicke mir bitte das Geld so schnell wie möglich." Ich schaute in meine Taschen. Da war kein Groschen. Da bei einem einzelnen nicht soviel Geld auf einmal zu finden ist, lieh ich mir ganz beschämt von vier verschiedenen Leuten die Summe und schickte sie ihm. Es hat unendliche Mühe gekostet, bis ich das Geld zusammen hatte.

Radio und Schule

Der Gefreite Isa wurde dieses Jahr im Dorf Boyalı als Hoca angestellt. Er unterrichtete die Kinder für 150 Kilo Getreide. Gestern kam er auf Besuch nach Hause. Wie sich herausstellte, glaubt der Gefreite nicht an das Radio.
„Gott verzeih uns, Efendi", sagte er, „sind das etwa Sachen, die dem Verstand nahe stehen? Man betet in Ägypten das Abendgebet und hört das hier? Haha! . . . Bis zum Abend entstehen so viele Laute, weshalb sammelt das Radio nicht alle diese Laute?"
„Mein Hoca! Das geht so und so vor sich", versuche ich ihm, so gut ich kann, zu erklären. Er beharrt weiter:
„Es ist jemand unter dem Ohr versteckt, wo gesprochen wird. Er ist es, der dort spricht. Man schwindelt dem Volk etwas vor!"
Es gibt nicht wenige, die das glauben.

Die Religionsfrage

Unsere Bauern sind dafür geschaffen, der Religion zu dienen. Aber sie kümmern sich nicht um Einigkeit, Verträglichkeit, Liebe, Achtung, Rechtschaffenheit und vernünftige Lebensweise, die im zwischenmenschlichen Verkehr gefordert wird. „Dank im Herzen, Gebetsmurmel auf den Lippen", so sagen wir auch, daß die vorgeschriebenen religiösen Waschungen Reinheit bedeuten. Aber hier machen sie ihre Waschungen, und der Schmutz an ihren Händen und Füßen wird naß und trocknet wieder, das ist alles. Sollte man es wagen zu sagen: „Aber Mensch, der Sinn der Waschungen ist Reinlichkeit!", wird einem gleich vorgeworfen: „Du bist ein Ungläubiger geworden!"

Meine Schüler gehen zwar schon von klein auf in die Moschee, aber seit es heißt, daß man in den Volksschulen einen Religionsunterricht einführen wird, scheinen alle Hemmungen zu fallen.

Die Alten des Dorfes kommen zu mir:
„Was sie gelernt haben, haben sie gelernt, es genügt. Lieber Sohn, schicke die Kinder zur Mittagszeit und am Nachmittag etwas früher nach Hause, damit sie die Gebetszeit nicht verpassen."

„Gott sieht es und rechnet es uns an. Für uns ist die andere Welt wichtig. Was du lehrst, ist für diese Welt, neuzeitliche Lehren, Luft! Gar nichts! Unnötig!"

Neuigkeiten

Obwohl uns der Winter im November überfallen hatte, und bis zum März dauerte, gab es dennoch einige Leute, die in die Kreisstadt gingen. Diese Leute hatten bei Gericht zu tun. Sie machten sich drei bis vier Tage früher auf den Weg, rasteten in verschiedenen Dörfern und kamen dann heim. Sobald sie zu Hause waren, wurden sie umringt und nach Neuigkeiten ausgefragt. Die Antwort ist immer dieselbe: „Winter, es gibt nichts als den Winter!"

Es ist so eine Sache, diese Leute zu erwischen, ehe sie sich auf den Weg machen. Gelingt es mir einmal, bei einem eine Zeitung zu bestellen, kommt die Ausrede: „Es war so kalt, daß ich mich nicht umschauen konnte; die Läden waren geschlossen." Ein paar Male gab ich ihnen Briefe mit, damit sie bei der Post aufgegeben würden. Zerknittert, als Fetzen wurden sie mir zurückgebracht. „Wir haben es nicht machen können, wir haben den Ort nicht gefunden", sagten sie.

Ein einziges Mal bekam ich das Bestellte: Da man den Bauern immer Zeitungen von der Art des ‚Köroğlu' (zweimal wöchentlich erscheinende Zeitung, A.d.Ü.) gibt, schrieb ich auf ein Papier ‚Cumhuriyet' (Tageszeitung „Republik") und gab es dem Bauern, damit er es dem Zeitungshändler zeige. Aber der Händler ließ sich von seinem Wissen nicht abbringen und drückte dem Bauern wieder eine Zeitung, wie sie die Bauern lesen, in die Hand.

Die Zeitung trug das Datum vom 7. Februar. Aber für uns ist sie neu. Wir stürzen uns darauf, als wäre es Brot. Dann gibt es noch die offizielle Zeitung unseres Kreises, welche für unser Dorf bestimmt ist und im Dorfladen darauf wartet, von unseren Bauern mitgenommen zu werden. Außerdem sind da noch die Briefe der Soldaten. Diese Briefe, die unterwegs ihren Teil Staub mitbekommen haben und schließlich im Dorf anlangen, wurden im Oktober geschrieben. Der eine verlangt Strümpfe und Handschuhe, der andere Geld. Ich überbrachte sie den Vätern am 25. März.

Neuigkeiten! Die Dorfbewohner sind da noch ungeduldiger als ich.
„Lies, Efendi", sagen sie, „lies und erzähl uns. . ."

„Das scheint aber auch wirklich keine Zeitung für uns zu sein", sage ich. „Nichts steht drin, was uns nützen könnte."
Aber sie geben sich nicht zufrieden. Was es auch sei, du mußt es lesen und erklären. Ich habe sie nun einmal daran gewöhnt.
„Das sagst du uns immer, aber trotzdem findest du eine Menge Neuigkeiten."
„Gut", sage ich und fange an zu lesen:
„Die Generaldirektion für Statistik hat begonnen, die Hunde im Land zu zählen."
„Verdammt! Unseren Hunden wird es schlecht gehen. Man wird sie wieder erschießen! Das war nichts Gutes, was du uns gesagt hast, Efendi. Nun schau weiter, hoffentlich gibt es keinen Krieg und so. Was macht der Russe? Ist er wieder toll geworden?"
Ich lese und erkläre:
„Die Russen werden einen osteuropäischen Block bilden, um hinter den Amerikanern nicht zurückzustehen."
„Gott bewahre, wie könnten die denn zurückstehen? Die sind zu allem fähig, diese Verfluchten! Was gibt es weiter, Efendi?"
„Weiter gibt es, daß auf dem Berge Kaz fünf Reisende erfroren sind."
„Das heißt, daß es dort ärger ist als hier. . ."
Und dann beginnt es: an dem und dem Ort, zu der und der Zeit, waren so und so viele Leute erfroren. . . Erinnerungen werden ausgepackt.
„Schau auch mal in die andere Zeitung. . ."

Die andere ist das Provinzblatt, und sie besteht tatsächlich nur aus einem Blatt. Die erste Seite ist ausgefüllt mit fünf, sechs Heiratsanzeigen. Ich erzähle es ihnen. Sie lachen:
„Haben die nichts anderes zu tun, als sich um so etwas zu kümmern! Der und der hat geheiratet, die und die haben sich verlobt. . . Es lohnt sich wirklich nicht auf die Zeitung zu warten und sie uns noch vorlesen zu lassen. . ."

Der Bauer ist nicht gebildet, doch er ist klug. Ich weiß genau, daß sie das Gehörte viel besser deuten als mancher, den wir so

als „gebildet" bezeichnen. Wenn sie nur nützliche Publikationen in die Hände bekämen! Diese Frage ist ebenso wichtig wie die Schulung der Bauern. Wann wird dieses Problem wohl gelöst werden? Beim Lesen stoße ich auf eine Stelle: der Premierminister Şemsettin Günaltay. . . Ich stutze. Was ist denn mit Hasan Saka geschehen? Wann war dieser Wechsel? Oder ist das ganze Kabinett ausgewechselt worden? Ich sage: „Der Premierminister Hasan Saka ist auch zurückgetreten."
„Der, der den Zucker verteuert hatte?" sagte einer.
„Wir haben zwar nicht viel mit Zucker zu tun, aber trotzdem. . . Wie ist dieser Neue?"

Nachher erfuhr ich, daß dieser Kabinettswechsel im Januar vor sich gegangen war. Die Bewohner eines ganzen großen Dorfes erfahren davon erst im März, und das noch durch Zufall.

Verrückt

Was nichts mit Religion zu tun hat, sei es nun ein Schriftstück, ein Wort, ein Buch oder sonst etwas, besitzt in den Augen der Bauern keinen Wert. Es bedeutet nichts, daß sie beim Vorlesen zuhören, manches für gut und manches für schlecht erklären und sich für alles Geschriebene interessieren. Zum Schluß aber sagen sie: „Im Grunde gehen uns diese Dinge nichts an. Aber die Zeiten bringen es so. Man muß sich das alles mal durchs Ohr gehen lassen. Wichtig ist das andere!"
Im wahrsten Sinne des Wortes ist alles „nichts", was nicht mit der Religion zusammenhängt. Die paar Bücher, die ich mir mit Mühe und Not habe anschaffen können, erscheinen ihnen vollkommen überflüssig.
„Der Mensch ist verrückt!" sagen sie zueinander.
„Bei Gott, er ist verrückt! Die Bücher, die er liest, nützen weder der Religion noch dem Glauben."
Zu mir sagen sie: „Schade um deine Augen, schade! Wenn du schon dein Augenlicht verschwendest, so lies doch wenigstens die heiligen Bücher, die es jetzt auch in neuer Schrift geben

soll. Ist das nicht besser? (Der Koran ist auf arabisch geschrieben, A.d.Ü.) Statt deinen Kopf damit zu ermüden, wäre es doch besser, du machst deine religiösen Waschungen und deine Gebete und erfüllst deine Pflichten Gott gegenüber! Du bist ein angenehmer, anständiger und freundlicher Mensch. So wie du zu uns bist, so sei auch zu Gott."

Als mich mein Vater besuchen kam, sprachen sie mit ihm im Dorflokal darüber. Sie brachten ihn richtiggehend auf. Er stellte mich zur Rede:
„Wenn du von nun ab nicht deine Gebete verrichtest, dann verstoße ich dich und erkenne dich nicht mehr als meinen Sohn an. Was ist das, um Gottes willen! Alle bemühen sich, gute Mohammedaner zu sein und lernen die Gebete, und du trotzt wie ein Verrückter und dienst dem Unglauben. Wenn du wüßtest, was die Leute über dich sagen!"

Kurz, sie können einfach nicht begreifen, daß „jeder in seinem Glauben und dessen Ausübung frei ist".

Der ermüdende, bittere und lange Winter hatte unsere Herzen und Augen getrübt. Im Frühling nutzten wir jede Gelegenheit, um draußen Unterricht zu halten. Eines Tages, als wir an der Quelle von Avarin waren, kam der Kahle Hoca. Seine Augen waren verklebt. Seine Lippen waren schmierig, die Zähne ganz gelb und mit einer Schicht überzogen, daß es einem den Magen umdrehte. Von Händen und Gesicht triefte er nur so vor Schmutz. Sein Mantel war völlig zerfetzt. In der Hand trug er sein ein und alles: den Rosenkranz mit neunundneunzig Perlen. Ich mag ihn gern, den Hoca. Es läßt sich gut mit ihm plaudern. Der Kahle Hoca hat die Gewohnheit, jeden Satz mit hiyerif (Menschenskind, Mensch) anzufangen. Kaum war er angekommen, bestürmte er mich:
„Hiyerif, Mamidefendi, hast du nichts bei dir, um uns vorzulesen, daß wir dir ein wenig zuhören?"
Ich hatte ein Buch für Lehrer bei mir, das nutzte ihm nicht. Ich nahm einen Gedichtband aus der Tasche, las ihm lang-

sam einige Gedichte vor, und fügte hinzu: „Dies alles nützt dir nichts, mein Hoca."
Er wurde zornig:
„Hiyerif, Mamidefendi, sage mir doch bitte, wozu sie dir nützen! Kommt der Name Allahs oder des Propheten hier vor? Was steht von der Religion, vom Glauben drin, hiyerif? Kindereien, Kindereien! Jetzt, Efendi, hänge dir den heiligen Koran um den Hals! Lerne ihn auswendig, während du dich müßig tummelst. Werde, hiyerif, ein feiner hafız!"

Der Religionsunterricht

(Seit 1948 gibt es den Religionsunterricht an den Schulen. A. d.Ü.)
Sie haben schon vor mir erfahren, daß man den Religionsunterricht in den Volksschulen eingeführt hat und daß für diesen Unterricht ein Buch herausgegeben worden ist. Jedesmal, wenn die Leute bei mir vorbeigingen, fragten sie: „Wann wirst du Religionsunterricht geben, wann fängst du an?"
Das Buch kam. Es war für die 4. und 5. Klasse geschrieben. Wir haben hier nur zwei Klassen.
„Warum lehrt er nicht, was die Regierung befohlen hat? Was ist der Grund?" Sie quälten mich unaufhörlich mit ihren Fragen. Sie wollten ein Gesuch einreichen. Wer weiß, vielleicht haben sie es auch getan.
Die Leute hatten sowieso schon vom ersten Jahr an begonnen, mir den Kopf vollzureden:
„Ach, Efendi es kommt doch keiner hier vorbei. Woher sollen sie es erfahren? Du scheinst einer zu sein, der durch und durch anständig ist. Laß doch diese neuen Lehren sein und lehre die Kinder das Beten. Sie sollen die Gebete lernen oder wir schließen diese Schule. Du und der Kahle Hoca könnt zusammen die Kinder unterrichten. Wenn euer Inspektor oder wie er heißt, kommt, so wählt ihr die Kinder, die etwas können, zusammen mit dem Gefreiten Isa aus und zeigt sie ihm, und fertig ist die Angelegenheit."

Voriges Jahr ging das noch an, aber wie kommt es denn, daß ich dieses Jahr, wo es doch die Regierung verordnet hat, diesen Unterricht trotzdem nicht gebe? Sie begannen, mißtrauisch zu werden. Ich erkläre ihnen: „Der Religionsunterricht ist für die 4. und 5. Klasse. So Gott will, werden wir diesen Unterricht in den nächsten Jahren geben können. Ich lehre ohnehin jeden Tag das, was in jenem Buch steht: Man muß Vater und Mutter ehren, man muß ehrlich sein, anständig, und man darf nicht stehlen."
„Wieso soll das ein Religionsunterricht sein?"

Eines Tages las ich das neue Lehrbuch im Dorflokal von Anfang bis zum Ende vor und erklärte es.
„Bravo!" sagten sie, „du hast schön gelesen und hast gut erklärt, aber was nützt uns das? Dieses Buch spricht nicht einmal davon, wie man Allahs Gebet betet."

Nur die Beschreibung eines Wunders fand Gefallen. Es erzählte, wie sich die Gegenden, die Mohammed besucht hatte, aus unfruchtbarer Wüste in fruchtbares Land verwandelten.

„Gesegnete Demokraten! Alles was ihr sagt, das erfüllt ihr auch! Wenn man dieses Jahr den Religionsunterricht eingeführt hat, so werden sie im nächsten Jahr selber ans Ruder kommen. Besonders werden sie uns die alte Schrift und den Fes zurückbringen. Sie werden diesen verfluchten Hut wegwerfen! Und vieles mehr!" (Kemal Atatürks Reformen betrafen unter anderem die Einführung der lateinischen Schrift – vordem war es die arabische. A.d.Ü.)
Man sieht, welche Mittel die Opposition verwendet, um vorwärtszukommen und sich zu halten! Sie haben ohnehin von diesem Weg sehr viel profitiert. Und wenn sie nun sagen wollten, daß sie jeden anderen Unterricht außer dem Religionsunterricht verbieten werden, so würden sie sich augenblicklich den Weg zur Regierung geebnet haben!

Die Schüler in den Ferien

Im Mai verließ ich bei Schulschluß für eine Weile die Schule. Im Juni kam ich zurück. Einen Monat lang führte ich in der Schule Reparaturen am Wandverputz durch. Während dieser Zeit kamen meine Schüler, die davon gehört hatten, zu mir zu Besuch. In einem Monat sprach ich mit allen. Da um diese Zeit umgegraben wurde, übernachteten alle auf den Feldern.

Sobald ein Schüler vom anderen erfuhr, daß ich gekommen war, überließ er die Ochsen anderen Kameraden und kam. Und ich ließ durch jene, die gekommen waren, die Nichtgekommenen grüßen.

Aber keiner wollte, daß ich ihn in der Arbeitskleidung sehe, die er auf dem Feld trug. Sie gingen erst nach Hause und tauschten die Kopfwickel gegen die Schulmütze. Jene, die eine Jacke besaßen, zogen sie über das alte Arbeitshemd. Es wäre zwar viel besser gewesen, wenn sie in ihrer Arbeitskleidung erschienen wären, aber was machte es denn schließlich schon aus!

Die Kinder hatten sogar ihr winterliches Aussehen verändert. Die Gesichter waren verbrannt und die Haut rissig. Die meisten hatten geschwollene und aufgesprungene Lippen.
Sie schämten sich vor mir sehr über dieses Aussehen. Trotzdem konnten sie es nicht lassen und kamen mich besuchen. Ist das nicht nett?
„Jeder Mensch muß arbeiten, das ist keine Schande. Ich arbeite auch. Was ist daran zum Schämen?" sagte ich, aber ich glaube nicht, daß ich sie damit überzeugt habe.

Gottselig

Der Schulbau ist fünf Jahre alt. Man kann auf den ersten Blick erkennen, daß er nachlässig wie ein Spielzeughaus mit faustgroßen Steinen gebaut worden ist. Die Mauern, die statt mit Mörtel mit Lehm gebaut wurden, wurden durch den Regen aufgeweicht. Und wie waren sie denn schon gewesen, bevor sie aufgeweicht waren? Es war uns unmöglich, Tür und Fenster dort einzupassen, wo sie hingehörten. Während die Außenseite unverputzt blieb, beschmierten wir die Innenseite der Mauern mit Lehm und zogen ein.

Man hatte den Eindruck, daß die Schule einstürzen würde, wenn man sich etwas stärker anlehnte. Voller Angst standen wir auch diesen Frühling durch. Ich kam nicht dazu, mich zu fragen, wie das enden würde. Meine Mutter war erkrankt, und ich verließ die Schule für zwei Tage, Sonnabend und Sonntag, und ging in mein eigenes Dorf. Was sah ich bei meiner Rückkehr? Die Vorderwand war eingestürzt! Die Leute sagten: „Der Regen hat sie zum Einsturz gebracht.“ Ich hob die Steine der eingesunkenen Mauer auf: sie zerfielen wie Teig in tausend Stücke. Nachdem dieser überdachte Teil eingestürzt ist, kann man auch nicht hoffen, daß die Teile ohne Dach die kommenden Regenfälle überstehen werden.

Man hatte dem Nasreddin Hoca seinen Mantel auf ein Seil gehängt, um ihn auszulüften. Da fing ein starker Wind zu blasen an und entführte den Mantel. Da pries der Hoca Gott und sprach ein Dankgebet. Seine Frau fragte ganz erstaunt: „Mann, weshalb betest du denn?“ – „Frau, was wäre aus mir geworden, wenn ich in dem Mantel gesteckt hätte?“ antwortete er. Das paßt gut auf unsere Lage. Was hätte passieren können, wenn wir unter der Mauer gewesen wären? Wir können dankbar sein, so billig davongekommen zu sein.

Gut, aber was sollen wir jetzt tun? Was sollen wir zuerst reparieren, wenn wir reparieren wollen? Der Bau ist durch und durch unbrauchbar. Einen neuen bauen? Das ist eine schwierige Sache! Ich frage mich: Wenn ich lache, dann nutzt es nichts, weine ich, nutzt es auch nichts, und wenn ich jammere, nutzt es ebensowenig. Sagt mir, Freunde, was soll ich machen?

Die Nahrung

Sieh dir die Gesichter der Kinder an: sie sind ganz blutlos! Sieh dir die Augen an, wie ganzlos sie sind! Wenn sie sprechen, ist ihre Stimme matt! Die Nase rinnt, die Köpfe hängen. Kinder müssen ein rundes, volles Gesicht haben. Die Wangen müssen durchblutet sein, wenn man sie berührt. Aber diese hier! Schon mit zehn Jahren haben sie hervortretende, spitze Wangenknochen. Ein ungepflegter, trauriger Anblick! Seht sie euch bloß an, seht nur! Das Herz zerreißt einem dabei.

Ich erkundigte mich, was die Schüler zu Hause essen. Das Ergebnis der Untersuchung in der zweiten Klasse liegt vor. Diese Klasse zählt 31 Schüler. Sie sind im Oktober, Januar und April, also dreimal befragt worden. Auf diese Weise kann man erkennen, welche Nahrungsmittel im Herbst, im Winter und im Frühling genossen werden.

Am 9. Oktober fragte ich die Kinder der Reihe nach am Ende der ersten Unterrichtsstunde: An diesem Morgen kamen 21 Kinder ohne etwas gegessen zu haben, also hungrig in die Schule. 10 Kinder haben trockenes Brot gegessen. Am 11. Oktober nachmittags: Alle 31 haben unreife Wassermelonen mit Brot gegessen.

Umfrage in beiden Klassen am 20. Januar, nachmittags: 4 Kinder aßen Wassersuppe. 6 Kinder Pilav aus bulgur. 16 Kinder hatten geröstetes Brot als Mittagessen. 5 Kinder haben Brot mit einem Aufstrich aus Traubenmus gegessen. 2 Kinder haben ihre Mütter nicht zu Hause vorgefunden und kehrten ohne zu essen zur Schule zurück. 7 Kinder weinten und fragten: „Was werde ich essen?“ Man gab ihnen trockenes Brot. 11 Kinder haben Zwiebel mit Salz bestreut und sie in Brotfladen gewikkelt.

Der Frühling ist gekommen, und es gibt nichts mehr, was man zum Brot essen könnte. Sogar das Mehl ist alle. Dem Gonca

Derviş war schon im Februar der bulgur ausgegangen; deshalb hat man schon damals etwas Mehl für ihn gesammelt. Was jetzt fast alle essen, ist morgens Pilav mit cacik (Joghurt mit Gurken). Wer kein Mehl hat, ißt nur cacik.

Am 1. April kamen 12 Kinder ohne Frühstück, 11 Kinder aßen nur trockenes Brot, 7 Kinder pilav mit cacik. (Ein Schüler fehlt.) Am Nachmittag aßen alle 30 Schüler cacik mit Brot.

Wenn ich cacik sage, so soll man sich ja nicht einen appetitlichen Salat mit Yoghurt vorstellen. Wer kann solche Dinge hier finden? Cacik werden hier alle möglichen eßbaren Kräuter genannt: Frauen und Mädchen sammeln den ganzen Frühling lang von früh bis spät an Bächen und Abhängen. Sie füllen Körbe und Säcke mit diesen Kräutern. Sie werden mit Salz bestreut, in Brot gewickelt und gegessen. Oder sie werden gekocht und mit dem Löffel gegessen.

Lausgeschichte

Als wir das Schuljahr halb verlaust abschlossen, dachte ich: Wir haben schließlich die Schule erst eröffnet. Nach diesem ersten Jahr wird alles in Ordnung kommen, meine Schüler werden ohne Läuse sein.

Aber genau das Gegenteil von dem, was ich gedacht hatte, trat ein. Es ist gar nicht nötig, die Kragen der Schüler für die Untersuchung zu öffnen. Da es ohnehin kein Mittel zur Abhilfe gibt, nützt auch die Untersuchung nichts. Ich habe es aufgegeben. Aber Gehorsam muß sein. Die Schüler heben die Finger in der Klasse während des Unterrichts und bei Zusammenkünften und melden die Laus am Hals ihres Kameraden.

Eines Tages hatten wir an einem sonnigen Tag Unterricht im Freien. Achtzehn melden sich. Sie meldeten die Läuse, die einzeln oder zu zweit auf den Hälsen ihrer Kameraden spazierengingen. Kinder lieben es eben mehr, die Geheimnisse der Kameraden auszuplaudern, als sie zu bewahren.

Wie immer schickte ich jene, die verlaust waren, nach Hause. Die übrigen, die keine am Hals hatten, wurden von mir nicht untersucht, ob sie welche in der Unterwäsche hätten. Wenn sie zurückkommen, ist es immer dieselbe Geschichte.

Ihre Mütter oder ihre Schwestern hatten die Kinder entkleidet und die Läuse, die sie im Hemd, Unterhemd und Unterhose gefunden hatten, getötet. Dann zogen sie ihnen dieselben Sachen wieder an und schickten sie zur Schule zurück.

„Komm und laß mal sehen, was du gemacht hast!" sagte ich und öffnete den Kragen.
„Ich habe nachsehen lassen", sagten die Kinder.
Die Lebenden und die toten Läuse durcheinander! Geduld, Nachsicht, Menschlichkeit, alles verflüchtigte sich. Mir wurde übel.

Manche ziehen sich ganz aus, ziehen die Unterwäsche ihrer Brüder oder Väter an und kommen zurück. Ich untersuchte, was sie frisch angezogen haben: es war etwas sauberer, gewaschen und noch nicht getragen. Trotzdem war es voller Läuse. Das heißt: alles ist von Läusen verseucht.

Zerstäuber und DDT

Ich besitze einen Zerstäuber. Einige Male nahm ich mir die Schüler einzeln vor und bestäubte sie, was das Zeug hielt! Ich verbrauchte einige Flaschen DDT. Ihre Hände, ihre Gesichter, ihre Wäsche, sogar ihre Haut begann danach zu riechen. Vor dem Bestäuben entkleidete ich sie. Aber ich habe gar keinen Erfolg verbuchen können. Es wird weder weniger, noch ist es vollkommen beseitigt.

Auch die Bauern wissen vom Zerstäuber. Sie kommen und verlangen ihn. In der ersten Zeit gab ich ihn ihnen leer. Es war ein Jammer: sie brachten ihn mir ungebraucht wieder zurück. Da sie selber kein DDT besaßen und sich schämten, es von mir zu verlangen, nahmen sie den Apparat leer mit und brachten ihn wieder leer zurück. Das habe ich später erfahren. Ich glaubte, sie besäßen das Insektenmittel. Jetzt frage ich sie, wenn sie kommen, und gebe ihnen den Apparat gefüllt.

Ich sage mir: Wenn ich ein wenig Geld hätte, würde ich für jedes Haus mindestens eine Flasche von dem Mittel und genügend Apparate für alle kaufen. Aber wo soll man das Geld hernehmen?
Ein Nachbar trat ein und setzte sich zu mir. Am Kragen und auf den Hosen laufen die Läuse herum. Ein anderes Mal plaudere ich mit einem Nachbarn. Er erwischte eine auf seinem Hosenbein und sagte: „Eben habe ich eine gefangen, als ich aus dem Zimmer des Mulla Mehmed wegging. Die da stammt sicher auch von dort."

Bei meinen Schülern und meinen Gästen wimmelt es von Läusen. Sollte ich vielleicht davon verschont sein? Bald beginne auch ich mich zu krümmen, als ob ein Skorpion in meine Kleider geraten sei, und ziehe mich sofort aus. Da war sie: ausgewachsen wie eine kleine Heuschrecke.

Krankheit

Für jene, die eine geregelte Existenz haben, ist das Leben rosig. Die Sorgen solcher Leute sind höchstens Liebe, Sehnsucht, Heimweh und ähnliche Gefühle. Ich habe auf Liebe, Sehnsucht und Heimweh verzichtet. All das habe ich vergessen und konzentriere mich auf die Sorgen, die mich bedrücken. Trotz der Trostlosigkeit meines Zustandes gelingt es mir zuweilen bei gutem Wetter, von meinen Erinnerungen zu zehren. Aber damit ist es nun auch vorbei.

Dieses Jahr hat sich auch das Wetter gegen uns verschworen. Ich weiß nicht warum, aber alles geht schief. Ich habe die Schule aufgemacht und eineinhalb Monate Unterricht gehalten. Aber der 25. November machte unsere letzte Hoffnung zunichte: es schneite!

Wir halten unseren Unterricht in einem Zimmer des provisorisch gedeckten Lehrerhauses. Der Boden ist aus gestampfter Erde. Dieses Jahr brachten die Kinder auch keine Felle mit. Was immer ich auch sagte, es nützte nichts: sie brachten keine mit. Es heißt, sie hätten keine und ihre Väter hätten die vorhandenen verkauft. Schulbänke hat es bei uns nie gegeben. Man konnte das nötige Geld dafür nicht aufbringen. Das Fenster hat keine Scheiben.

Die Kinder frieren, wenn sie von zu Hause kommen. Sie klappern mit den Zähnen, hauchen in ihre Hände und setzen sich auf die bloße Erde. Vom Fenster weht Schnee in ihre Gesichter. Was soll ich mit ihnen bloß tun? Soll ich sie hier sterben lassen oder fortschicken? Am vernünftigsten wäre wohl, sie nach Hause zu schicken und ich beende den Unterricht.
Im Dorflokal frage ich: „Was werde ich tun, wenn es so weitergeht?"
„Du hast sehr gut daran getan, Efendi, daß du Schluß gemacht hast."
„Efendi oder nicht, selbstverständlich war das richtig! Aber kann das alle Tage so weitergehen? Wir müssen einen Ausweg suchen", sage ich. „Wie du glaubst. Tu es ganz so, wie du meinst. Bring dich doch durch wie das vorige Jahr."

Von allen Dingen ist doch die Mittellosigkeit am schlimmsten. Die Kinder, die barfuß sind, können bei diesem Wetter überhaupt nicht kommen. Jene, die trotzdem gekommen sind und die ich zurückgeschickt habe, sind insgesamt zwanzig oder dreißig Schüler für zwei Klassen.

Und ich, kann ich mich denn selber schützen?. . . Auf meinem

Gesicht haben sich kleine Pusteln gebildet. Es ist eine Qual, sich mit dem Rasierapparat zu rasieren. Hier findet man weit und breit keinen Barbier. Ich habe mir seit zwei Monaten Haar und Bart wachsen lassen. Zuerst rasierte ich mich zuweilen mühsam mit dem Rasierapparat. Später bedeckte das Haar meine Ohren, der Bart das ganze Gesicht. Das heißt, das Haar war drei, der Bart einen Monat alt. Ich wurde wütend und schämte mich vor mir selber. Zu den Kindern sagte ich:
„Ihr seid schlimm, deshalb lasse ich mir den Bart wachsen."

Zum Schluß erfuhr ich nach langem Herumfragen von einem der Kinder, daß im Dorf ein Haarschneideapparat vorhanden sei. Ich ließ den Besitzer kommen: „Ich kann dir nicht die Haare schneiden", sagte er. „Dann schneide sie bis auf die Haut, dann habe ich wenigstens meine Ruhe!" Nachdem ich ratzekahl geschoren war, konnte ich den Rasierapparat wieder ertragen und reinigte mich endlich.

Der Winter kam, und mit ihm schlechtes Wetter. Es war eine Wahnsinnstat gewesen, die Haare zu scheren, aber das war das einzige Mittel gewesen, das ich finden konnte. Einige Tage lang vermummte ich mich. Dennoch geschah es: ich bekam Grippe und mußte mich hinlegen. Ich habe niemanden und bin ganz allein. Es ist sinnlos, ein Medikament zu suchen: der Kontakt mit der Provinzstadt ist abgebrochen. Es hat geschneit. Kein einziger, der hingeht, und nicht einer, der kommt! Als Medikament fand ich eine Flasche. Darauf stand „Mithol". Es soll ein Schnupfenmittel sein. Ich ziehe es in die Nase auf. Am Abend koche ich mir Lindenblütentee, trinke ihn, stecke einen Kuhfladen in den schäbigen Ofen und lege mich mitten in Rauch und Ruß schlafen. Was ich an Decken habe, häufe ich auf mich. Ich umwickle Kopf und Ohren. Unmöglich zu schwitzen! Wie könnte ich denn auch schwitzen; was nutzt der Ofen? Von oben rinnt es herab, der Boden ist Erde, das Wetter eiskalt. Wozu viele Worte. Über Nacht fror und zersprang der Tonkrug im Raum. Jetzt muß ich mit dem kleinen Trinkwasserkrug auf die Latrine gehen. Wenn die Wege in die Kreisstadt wieder begehbar sind, kann ich einen neuen Krug bestellen.

Märchen

Im Winter pflege ich an Tagen, wo wir keinen Unterricht abhalten können, und manchmal auch an Sonntagen im Dorflokal aus einem Buch, einer Zeitung oder Zeitschrift vorzulesen. Es wurde zur Tradition, daß alle zuhörten und dann jeder darüber seine Meinung äußerte. Wenn das Vorgelesene ein Thema behandelt, das jeder leicht verstehen und lieben kann, dann genießen die Leute es sehr. Ein Thema, das einen Teil des Dorflebens erzählt und auf Papier gedruckt ist, wird mit einem Gemisch von Staunen und Freude aufgenommen. Ich fing mit den kleinen Gedichten aus den Zeitschriften des Instituts für Bauernbildung an und förderte so allmählich das Interesse und die Lust am Zuhören. Sie finden so viel Gefallen daran, daß ich an vielen Abenden jede andere Beschäftigung aufgebe und für sie Schriften suche und vorlese. Sie lassen mich rufen und erwarten mich voller Ungeduld. Obwohl das laute Vorlesen sehr anstrengend ist, kümmere ich mich nicht darum, wenn ich sehe, welche Freude sie damit haben und wie sie manches dabei lernen.

Voriges Jahr hatte von den vorgelesenen Gedichten „Unsere Kindheit" von Ali Dündar den größten Erfolg. Ich mußte es mehr als zehnmal vorlesen.
Dieses Jahr haben die von Orhan Veli in Verse übersetzten Fabeln von La Fontaine den meisten Erfolg. Es kam vor, daß ich eine Fabel vielleicht fünfzigmal vorlesen mußte. Besonders die Schönheit der Übersetzung, die richtige Anwendung volkstümlicher Ausdrücke an der rechten Stelle gefiel den Leuten. Sie fanden für jeden etwas Passendes, als wären die Bewohner des Dorfes eine Vorlage zu den Geschichten gewesen:
„Jener Fuchs war aber genau wie Cavit Ağa!. . .
„Jener Rabe ähnelt haargenau dem Sattler Irfan. . ."

Die Fabel vom Berg, der eine Maus gebar, gefiel am besten. Obwohl jeder diesen Ausdruck kannte, lieferte die Schönheit der Ausdrucksweise hier eine Neuheit. Schon bei der ersten Vorlesung äußerte sich der Sohn von Gır Hasan:
„Efendi, jener Berg ähnelt genau unserem Zustand!"
Ich fragte: „Wie meinst du das?"
„Wieso, wie ich das meine? Efendi", antwortete er, „dem Lärm zufolge, den er macht, erwartet man vom Berg, daß er eine Stadt gebiert. Und was gebiert er, siehst du? Sind wir auch nicht so? Wie oft hast du uns vorgelesen: es wird das und jenes geschehen und man wird dies und jenes machen, und so weiter. Als wir es hörten, glaubten wir, es würde wirklich geschehen, man würde all das wirklich tun. Und: wo ist das Getane? Man sagte uns, es wird eine Schule für uns gebaut werden. Wir haben gewartet und gewartet, aber kein Mensch ließ sich blikken. Wir beschlossen, selber unser Schulhaus zu bauen, und das ist eingestürzt. Wir wissen hier alle, was du gelitten hast und was du leidest. Und du weißt, was wir leiden. Hat jemand eine Ahnung davon? Zuerst hatten wir keinen Gefallen an der Schule; wir kannten nicht ihren Wert. Aber jetzt hast du es uns erklärt und es leuchtet uns nun allen ein. Wir sind aber nicht imstande, sie zu bauen. Soll die Regierung sie doch bauen, und wir wollen uns dafür opfern. Kümmere dich nicht um die Leute, die sagen, man soll keine Schule bauen. Sie reden so, weil sie verwirrt, weil sie verärgert sind. Sonst würden auch die ihr Leben dafür geben. Aber wo wird noch etwas unternommen? Weder die Kinder noch du taugst mehr zu etwas. Ihr seid erschöpft. Wir selbst leben so wie alle Tage. Sie sagen, sie werden etwas unternehmen, und es vergehen zehn, zwanzig Jahre. Gerede! . . . Jener Berg hat wenigstens eine Maus geboren. Aber unser Berg gibt nichts von sich!"

Der arme Mann sprach über eine halbe Stunde. Wir hatten Mühe, seinen Redestrom zu dämmen.

Wie ein Tümpel

Der Tümpel bekommt kein Wasser von oben. Im Sommer trocknet das Innere des Wasserloches aus und es bleibt leer.

Wir sind sechs Lehrer aus demselben Dorf. Während der Schulmonate unterrichten wir in den umliegenden Dörfern, die Ferien verbringen wir teilweise in unseren Heimatdörfern. Unser Zustand während der Ferien ist dem eines Tümpels zu vergleichen, obwohl die Unterrichtszeit auch nicht viel anders ist.

In diesem Jahr haben wir uns auch wieder in den ersten Tagen getroffen und haben uns mit unseren Erinnerungen als Lehrer die Zeit vertrieben. Hin und wieder zwang ich die Freunde, sich einige Aufsätze anzuhören, die ich vorlas. Dann kam mir in all dieser Langeweile der Einfall, ein Witzblatt herauszugeben. Ich arbeitete einen ganzen Tag vom frühen Morgen bis zum späten Abend und vervielfältigte die Zeitung. Ich schickte jedem Freund ein Exemplar. In den großen Städten erscheinen ja Zeitungen, und sie werden in alle vier Windrichtungen des Landes geschickt. Ich wollte so etwas Ähnliches machen. Der Abonnementspreis für ein Jahr war: ein Fasttag. Wir beschlossen, die Zeitung selber unentgeltlich für den Preis eines „Fasttags" herauszugeben und uns die Zeit mit Lesen zu vertreiben. Der Grundgedanke dabei war, die Fastensitten lächerlich zu machen.

Der Hauptartikel fing so an: „Frohe Nachrichten: ein neuer Gesetzesentwurf!" Nachher gab ein Freund eine Zeitung mit dem Titel „Umsonst" heraus und unterstützte meine „Püs". All das waren Mittel, mit denen wir uns mühsam ein wenig Zerstreuung verschafften.

Im Juli verließ ich die Freunde und ging mähen. Ich nahm ein paar Bücher mit und las an manchen Tagen einige Seiten daraus, aber manchmal fand ich keine Zeit zum Lesen. Die Freunde pflegten sich im Schatten der Buche des Osman Ağas zu versammeln und Karten oder Domino zu spielen. Inzwischen kam auch der Fastmonat Ramadan, und sie begannen zu fasten.

Die ein oder zwei Bücher, die ich in fünf Ferienmonaten lesen konnte, waren wie ein Tropfen im Meer. Mein Geist stumpfte ab. Da ich weder Kartenspielen kann noch mag und auch keine Bücher finden konnte, verbrachte ich meine Freizeit mit Nichtstun.

Reaktion

Kein Leid ist so groß, daß es nicht noch ein größeres gäbe. Die Menschen müssen oft ihr eigenes jammervolles Schicksal vergessen und Mitleid mit dem Geschick ihrer Freunde und Verwandten fühlen. Aus lauter Sorge um die Not anderer finde ich ohnehin keine Zeit, um an meine eigene Not zu denken.

Als wir in die Dörfer gingen, wußten wir zwar sehr gut, mit welchen Schwierigkeiten wir zu kämpfen haben würden, aber wir hätten uns nicht gedacht, daß einem Kollegen das, was ich Ihnen jetzt erzählen werde, passieren könnte. Mustafa und ich hatten unsere Kindheit gemeinsam im selben Dorf verbracht und waren gemeinsam in das Institut gegangen. Wir wurden danach Lehrer in zwei Nachbardörfern. Jetzt werde ich euch erzählen, was dem Mustafa im Nachbardorf widerfuhr:

Als er als Lehrer ins Dorf Çimli kam, ärgerten sich der muhtar und die Sektenbrüder darüber, daß der Mann in geschlossenen Räumen ohne Kopfbedeckung sich aufhielt. Später behaupteten sie, daß er den Frauen und Mädchen nachstellte, weil er zuweilen auf dem Balkon der Schule saß und sich der Dorfbrunnen daneben befand.

Der Winter ist gekommen. Er verbringt seine Zeit in einem der Schulräume. Zweimal ist man bei ihm eingebrochen, ohne daß er weiß, warum. Diese beiden Male ist er ohne körperlichen Schaden davongekommen. Einmal sind sie in seiner Abwesenheit eingebrochen, haben seine Fenster eingeschlagen und Kelims und ähnliches davongeschleppt. (Er führt noch immer einen Prozeß mit den Leuten, die er verdächtigt.)

Als ich in die Stadt ging, besuchte ich ihn unterwegs. Seine Scheiben waren eingeschlagen. Vorhänge, Kelims, Bettzeug, alles war fort. Er hatte eine Liste von den gestohlenen Sachen gemacht und eine Klage eingereicht. „Nimm das und bringe es in die Stadt", sagte er und gab mir das Papier. Ich nahm es mit und gab es dem zuständigen Beamten. Der öffnete und las es. „Donnerwetter", sagte er und lachte. „Das kommt davon, wenn man die Augen auf fremder Leute Frauen und Töchter wirft!"

Bei meiner Rückkehr erklärte ich meinem Freund die Lage: „Die Leute, auf die du dich verlassen hast, lassen dich fallen." Er begann zu weinen. Ich konnte ihn nicht trösten.
„Was soll ich tun, wohin soll ich mich wenden, Bruder? Wem soll ich meine Geschichte erzählen?" klagt er verzweifelt.

Das geschah im Februar. Und nun kam das Ende des Monats April und damit auch der Schulschluß. Aber wir dürfen in den Ferien die Schulen nicht verlassen. Wir haben nur zwei Monate Urlaub. Mein Freund hatte nichts mehr von seinen Sachen. Wie sollte er kochen? Wie sollte er leben? Und er sollte die Schule bewachen! Dann kamen die Ereignisse am 20. Mai.

Man tuschelte, er habe eine Frau belästigt und ihr gewisse Worte gesagt. Einige Leute packten ihn beim Kragen und schlugen mit dem, was sie fanden – Stöcken und Steinen – auf den Kopf des armen Burschen ein, ohne das Gesicht und die Augen zu schonen. Die ganze Dorfbevölkerung rottete sich um ihn zusammen. Er war ganz blau geschlagen, konnte keinen Ton mehr hervorbringen, war blutverschmiert, seine Jacke in Fetzen, der Hut verloren.

In diesem Zustand schleppten sie ihn ins Zimmer des muhtar; dort banden sie ihm die Hände und ließen ihn durch ein paar Dummköpfe direkt zur Gendarmerie bringen.

Jetzt herrschte im Dorfe Çimli Festtagsstimmung. Die Sektenbrüder hatten einen Kreis gebildet und sangen aus Freude über das Unglück des Lehrers eine Litanei. Sie hatten die Frau zum Vorwand genommen und ihr Ziel erreicht.

Nachdem sie den Lehrer zur Gendarmerie gebracht hatten und das Fest vorüber war, packten sie die Frau auf einen Wagen und fuhren zur Kreisstadt: Sie zwangen sie auszusagen: „Er ist mit Gewalt in mein Haus eingedrungen." Bei der Gendarmerie bekam der Lehrer noch eine zusätzliche Tracht Prügel.

Was die da als Frau bezeichnen, ist eine Vogelscheuche von fünfundfünfzig Jahren, die allein lebt und niemanden hat.

Für Arztkosten, neue Kleidung und Gerichtsausgaben machte unser Freund zweihundert Lira Schulden. Jetzt läuft er verwirrt, erschöpft, hoffnungslos und verdrossen wegen der zwei Prozesse von einem Gericht zum anderen.

Der Tatbestand hat sich zwar geklärt. Die Frau hat ausgesagt: „Man hat mich in die Enge getrieben. Wenn du nicht aussagst, daß er mit Gewalt in dein Haus eingedrungen ist, werden wir dich in diesem Dorfe nicht mehr in Ruhe lassen, haben sie gesagt. Deshalb war ich gezwungen. In Wirklichkeit habe ich mit dem Lehrer nichts zu tun und keinen Grund, mich zu beklagen!" Und damit hat sie erklärt, daß ihre erste Aussage eine Lüge war.

Aber es war bereits zu spät. Niemand gibt sich die Mühe einem Lehrer zu helfen, wenn er sein Recht fordert. Die Leute sagen: „Es hat bekommen, was er verdient", und entziehen sich so der Verantwortung.

Was soll dieser Junge jetzt tun? An wen soll er sich in dieser verwickelten Angelegenheit wenden, von wem soll er Hilfe fordern? Wie soll er gegen diese unwissende und fanatische Bande kämpfen?

Nach solchen Verleumdungen könnt ihr euch ein Bild machen, wie die Bauern Lehrer behandeln. Und auch in der Stadt sagen die Kaufleute und übrigen Geschäftsleute: „Von diesen Lehrern kann man nichts Gutes erwarten!"

Ein anderer Fall

Es ist der 7. Mai. Der Gefreite Yunus aus dem Dorfe Göstük schickte mir einen Boten:
„Kommen Sie rasch, dem Lehrer ist etwas geschehen." (Yunus ist der Besitzer des Hauses, in dem der Lehrer des Dorfes, Kenan, wohnte.) Kenan ist aus unserem Dorf und der Sohn meiner Tante. Er bestand seine Prüfung im Jahre 1946 und wurde dem Dorf Göstük zugeteilt. Er wohnt im Zimmer des Gefreiten Yunus. Offensichtlich ist ihm etwas zugestoßen! Was konnte das wohl sein? Wir hatten die Schulen vor einer Woche geschlossen.

Ich machte mich auf den Weg. Kaum hatte ich das Dorf erreicht, hörte ich von allen Seiten Geschichten, von denen ich ganz wirr wurde. Zwei Männer mit Namen Hasbi und Avni sollen den Lehrer gepackt und ins Wasser geworfen haben. Sie wollten ihn ertränken, aber es gelang ihnen nicht. Dann haben sie ihn herausgefischt und ihn unbarmherzig auf Kopf und Augen geschlagen. Mit gebrochenem Arm, zerschlagenem Kopf, blutüberströmt, ging er in die Kreisstadt.

„Und warum haben die das getan?"
„Efendi, der Lehrer hatte ein Auge auf die Nichte des Avni, die Halime, geworfen und deshalb haben sie ihm aufgelauert!"

Ganz verwirrt erreichte ich das Haus des Gefreiten Yunus. Sie versammelten sich um mich. Sie erzählten die Geschichte, bedauerten sie, schimpften auf die, die das getan hatten. Yunus erzählte:
„Nachbar! Nachbar! hörte ich seine Stimme von der Tür rufen. Ich war noch nicht draußen, da war der Lehrer schon bei der Tür herein. ‚Sie haben mich umgebracht, Nachbar', hat der Ärmste zu mir gesagt. Sie haben ihn dort am Sandstein erwischt, am Wasser, und haben ihn hineingeworfen. Er ist davongekommen. Da sind sie diesmal mit Steinen auf ihn losgegangen. Avni hat mit dem Knauf seiner Pistole auf seinen Kopf geschlagen. Schließlich sagte er mir: ‚Ich kann hier nicht ruhig bleiben. Gib mir ein bißchen Geld, ich werde direkt in die Kreisstadt gehen und dort eine Klage einreichen.' Und ich hatte gestern gerade zwei Maß Zwiebeln verkauft und besaß zweieinhalb Lira. Ich gab sie ihm. Er nahm sie und ging. Und dir habe ich Nachricht geschickt, damit du kommst und siehst und sagst, was du darüber denkst."

Was sollte ich sagen? Ich wollte in die Kreisstadt gehen. Da kam gerade jemand und brachte Nachricht, der Lehrer sei auf dem Rückweg, und ich wartete.

Der Lehrer kam. Er hatte sich die Wunden am Kopf verbinden lassen. Man konnte nur die Augen sehen. Sein Anzug war ganz voller Blut.

„Was hast du gemacht, Vetter?"
„Frag nicht", antwortete er. „Ich habe Freunde aufgesucht und wollte ihnen mein Leid klagen. Als sie mich so sahen, fingen sie alle zu lachen an. ‚Gehe und erzähle deine Geschichte der Gendarmerie!' haben sie mir geantwortet."
„Und dann?"
„Was soll dann sein? Wer keinen Onkel, keinen Vetter und kein Geld hat, kann doch nichts erreichen. Die geben den Schuldigen ein paar Ohrfeigen und lassen sie laufen."

Der Lehrer wurde vom Dorfe Göstük ins Dorf Alayhan versetzt. Auf diese Weise blieb der Sieg bei den Angreifern. Die öffentliche Meinung über meinen Vetter lautete: ,,Hätte er sich nur ruhig verhalten! Wenn er nicht schuldig gewesen wäre, hätten sie doch die andern verprügelt."

Demnach kann man folgern: Geschieht einem ein Unglück, bekommt man Prügel, dann ist man selbst im Unrecht.
Das ist Gerechtigkeit! Man muß vermeiden, Schläge zu bekommen, sonst ist man verloren.

Die Versammlung

Am Anfang und am Ende des Schuljahres halten wir regelmäßig eine Versammlung im nationalen Schulrat ab.

Ich hoffte, daß man zu Beginn des Jahres über gewisse Einzelheiten und Eigenheiten unserer Arbeit sprechen, und uns über gewisse Punkte aufklären würde.

Und von der Frühjahrsversammlung erwartete ich, daß man über Fälle sprechen würde, die im Lauf des Schuljahres vorgekommen waren, von denen wir zwar nichts gehört hatten, die aber für uns sehr wissenswert und nützlich wären. Ferner, daß man uns auf die im Laufe des Jahres begangenen Fehler aufmerksam macht und die Wege sucht und zeigt, wie sie zu vermeiden wären.

Nichts von alledem geschah. Als Beispiel will ich euch unsere letzte Versammlung schildern:
Wir nahmen auf den Bänken Platz. Der Inspektor trat ein und begann:
„Manche Kollegen kommen in die Kreisstadt, wenn sie etwas zu tun haben, ohne zuerst beim Bezirkschef ein Gesuch eingereicht zu haben. So etwas will ich nicht mehr haben."
Genau das und kein Wort mehr. Und er ging.

Der Beamte des nationalen Schulrats schrieb im Protokoll über den ersten Punkt:
„Über den Fall ... ohne Erlaubnis ... in die Kreisstadt zu kommen..."

Danach ergriff ich das Wort. Ich schilderte den traurigen Zustand unserer Schule und fragte, was man darüber dächte.

Der Beamte sagte:
„Du verbringst deine ganze Zeit, um über diese eine Schule zu schreiben und zu sprechen. Da ist nichts zu machen. Für eure Schule gibt es weder im Budget des Unterrichtsministeriums, noch im Budget der Kreisstadt einen Kredit. Wozu jammerst du noch immer? Unterrichte die Kinder in irgendeinem Winkel. Kannst du es nicht, so iß die Eier der Bauern, lege dich hin und ruhe dich aus."

„Über die Reparaturen ... der fehlerhaften Schulhäuser ... wurden Erklärungen ... abgegeben...", lautete der Bericht im Protokoll.

Wie ein Märchen

In den heutigen Tagen,während sich die Reinen im Hamam (türkisches Bad), die Schmutzigen beim Vergnügen, die einen im Glück und die anderen in Qualen, die Hirten in Filz gehüllt und die Satten in Freuden sind; ist es die Not, der Hunger, der die Leute niederbeugt. Das Los des einen ist schwarz, das des anderen weiß. Doch es schickt sich nicht, viel darüber zu sprechen und seinen Kummer zu klagen. Der Mensch muß seinen Mund darüber halten und schweigend hungern, sonst stürzt ihm auch sein Dach noch ein.

Es war einmal ein „buckliges Schicksal", das hörte weder auf Worte noch auf Klagelieder! Es wurde viel geschrieben, aber kein Mensch kümmerte sich darum. Der Satte hat eben kein

Verständnis für den Hungrigen, dessen Sache beiseitegeschoben wird. So häuft sich Leid auf Leid.

Dem einen gibt das Schicksal reife Melonen zu essen, dem anderen grüne Wassermelonen. Es ist angenehm, so weiter zu erzählen und zuzuhören, aber komm, leih dein Gehör diesem Märchen und höre, was alles geschehen ist:

Es war einmal ein Dorflehrer. Er hatte im Herbst etwas Geld in die Hand bekommen. Er zahlte die Hälfte seiner Schulden. Ohne sich etwas zu gönnen, hatte er sich ins Dorf zurückgezogen. Er hatte ein Säckchen bulgur und einen Sack Mehl in eine Ecke gestellt. Damit fristete er eine Weile sein Dasein. Er hatte niemanden, keinen Freund, keine Liebste, er hatte keinen Onkel. Die Zahl jener, die ihn um Hilfe baten und denen er allen half, war gar nicht auszurechnen. Der Pilav, den er ohne Fett einmal jeden Tag kochte, rutschte ihm nur schwer durch den Hals. Außer dem bulgur und dem Mehl hatte er auch ein Bett; aber er hatte weder Pfeffer noch Fett; aus diesem Grund war eine Seite von ihm hungrig und eine Seite satt, ob er es aß oder nicht, es war alles gleich. Er fror innen und er fror außen. Die Nacht über weinte er und bei Tag tat sein Herz ihm weh. Das Lied, das er am meisten liebte, war: „Mutter, Mutter, ich bin einsam und fremd." Nachts, während er in seinem Bett vor Kälte zitterte, sang er es im Flüsterton. Ein Buch sagte ihm: „Du bist der einzige Mensch, der dieses Dorf entwickeln kann. Deshalb bist du hier."
Er sagte zu dem Buch: „Ich habe mich selber nicht entwikkeln können, ich bin kraftlos und schwach. Dieser armselige Körper, wie kann er ein Dorf entwickeln? Hilf du mir und ich werde dem Dorf helfen. Ich habe auch ein Ziel, einen Plan. Aber Buch, mein Freund, was kann ich denn anders tun, als zu klagen?" So sprach er, aber er gab die Hoffnungen doch nicht ganz auf. Er kämpfte, indem er immer mehr las und schrieb, lernte und lehrte. In der Lektüre fand er Trost.

Wie sehr es ihm auch widerstrebte – er aß immer nur bulgur ohne Fett. Sein Gesicht welkte, seine Augen wurden müde, er verfiel. Er war erst achtzehn Jahre alt, aber er sah aus, als wäre er über dreißig.

Seine Jacke war alt, sein Mantel zerrissen. Er besaß nichts mehr als trockene Knochen und eine Seele, die er noch nicht aufgegeben hatte. Seine Beine waren wie zwei Stäbe; Haar und Bart waren ihm wild gewachsen. Eines Tages, als er es nicht mehr ertragen konnte, klopfte es an seine Tür. Ein Inspektor kam herein.

Ohne den Lehrer erst nach seinem Befinden zu fragen, wie es sich gehört, fragte er: „Wo ist die Abteilung für Arbeitsunterricht, die Disziplinabteilung, die ich weiß nicht welche Abteilung?" Er befragte den Mann nach seinen Schülern, ohne sich darum zu kümmern, daß er so hilflos war. Was kann man denn schon in leeren vier Wänden machen? Und wenn man es auch könnte, was würde es denn nützen? Der Inspektor machte einen Bericht. Was meint ihr, was er schrieb?

„Der Lehrer muß einen Kurs mitmachen!"

Der andere wieder kränkte sich darüber, daß er dem Gast außer dem gefüllten Huhn nicht einmal einen bitteren Kaffee anbieten konnte.

Der Inspektor ging wieder. Der Lehrer hatte es zwar noch immer schwer, aber er fuhr fort, seine Arbeit nach eigenem Ermessen hingebungsvoll weiterzuführen.

Erbitten auch wir vom buckligen Schicksal, daß es ein Mittel gegen seinen Kummer, einen Balsam für seine müde Seele finden möchte.
Amen!

Nachbemerkung

Mahmut Makal beschreibt in einem tagebuchähnlichen Bericht die desolaten Zustände in den mittelanatolischen Dörfern nach seiner Erfahrung als junger türkischer Dorflehrer. Er ist selbst bäuerlicher Herkunft; seine Eltern und Geshwister bebauen heute noch das Land. 1947 bekam Makal sein Diplom als Dorfschullehrer, nachdem er in Ivris vier Jahre an einem Institut für Bauernbildung studiert hatte. Die Regierung schickte ihn als Lehrer in das Dorf **Nurgöz** im Gebiet von Aksaray. Der Junglehrer war über die menschenunwürdigen Verhältnisse, unter denen die Landbevölkerung in Nurgöz und in seinem Heimatdorf Demirci leben mußte, so empört, daß er in der Hoffnung, die lebendige Beschreibung des Elends könne die zivilisierte Welt aufrütteln, einen Bericht darüber verfaßte. Dieser erregte großes Aufsehen und brachte das verantwortliche Innenministerium in eine unangenehme Lage. Die hier geschilderten Verhältnisse auf dem Lande, besonders in Mittelanatolien, waren der intellektuellen Führungsschicht der Städte weitgehend unbekannt. Zum ersten Mal erfuhr die Öffentlichkeit die Wahrheit – eine Wahrheit, die sie schlecht ertrug, war sie doch an die poetischen Schilderungen des Landlebens gewöhnt, die zum Repertoire der städtischen Dichter gehörten. Der Mut und die Offenheit, mit denen Makal die Wahrheit sagte, brachten sowohl die Behörden, als auch die Bauern, denen er helfen wollte, gegen ihn auf. Die Behörden fühlten sich mit Recht kritisiert, die türkischen Bauern in ihrem Stolz verletzt. Obwohl Makal nach der Veröffentlichung seines Berichtes verhaftet wurde, blieb sein mutiges Zeugnis nicht wirkungslos: es gab den Anstoß zu Verbesserungen und Reformen.

Frau mit 40 Zöpfen. Als Talismane sind Muscheln und blaue Perlen mit hineingeflochten; die Zahl 40 hat magische Bedeutung.

Auf dem Weg zum Melken

Frauen beim Wasserholen

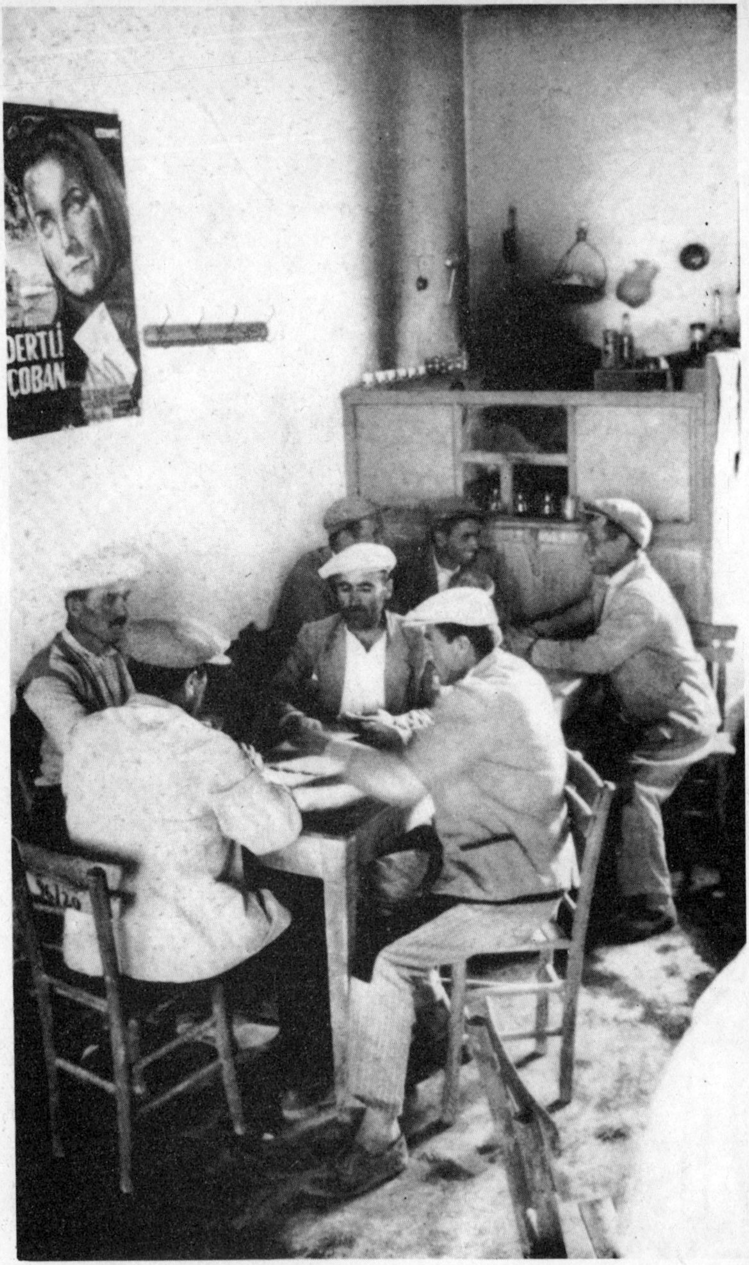

Das Dorfcafe

Ali Hoca in Vorbereitung
auf die Pilgerfahrt

Mit Frauen
in unserem Dorf 1975

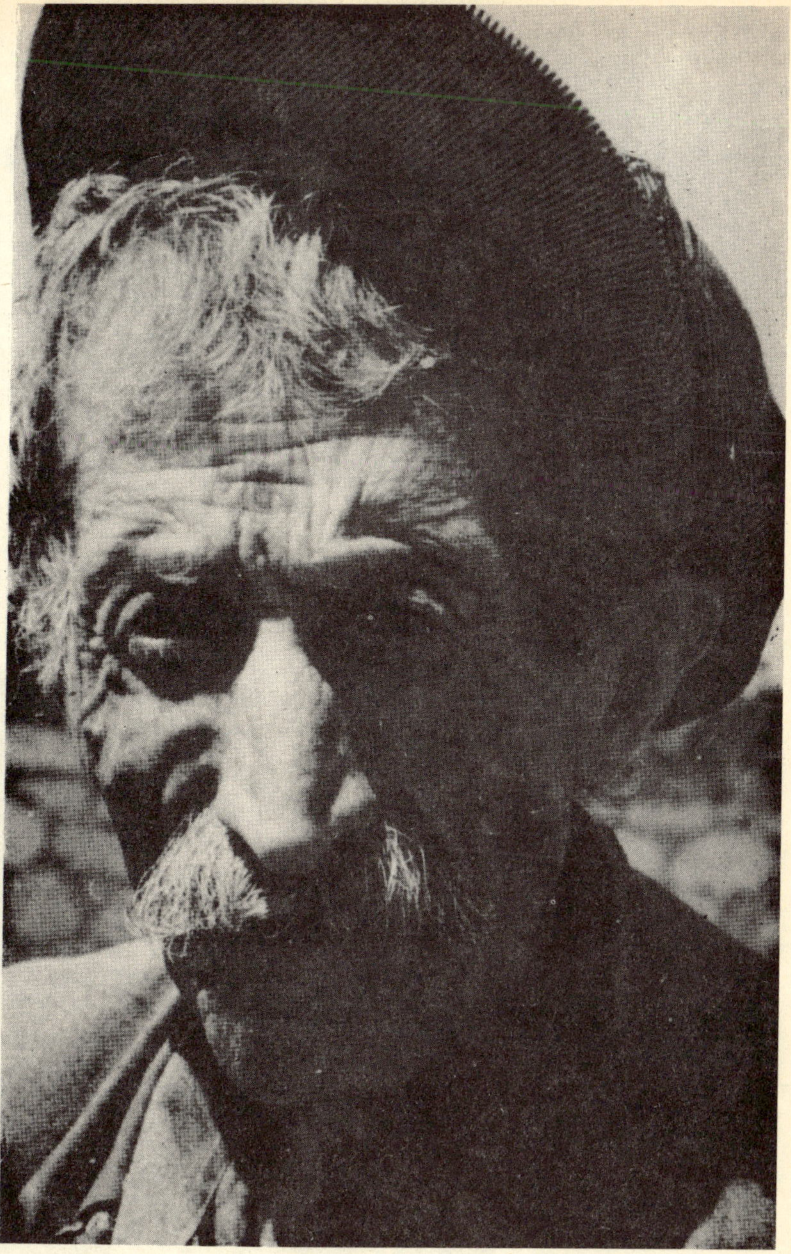

Schüler des Korankurses

Kinder aus dem Nachbardorf als Internatsschüler im Korankurs

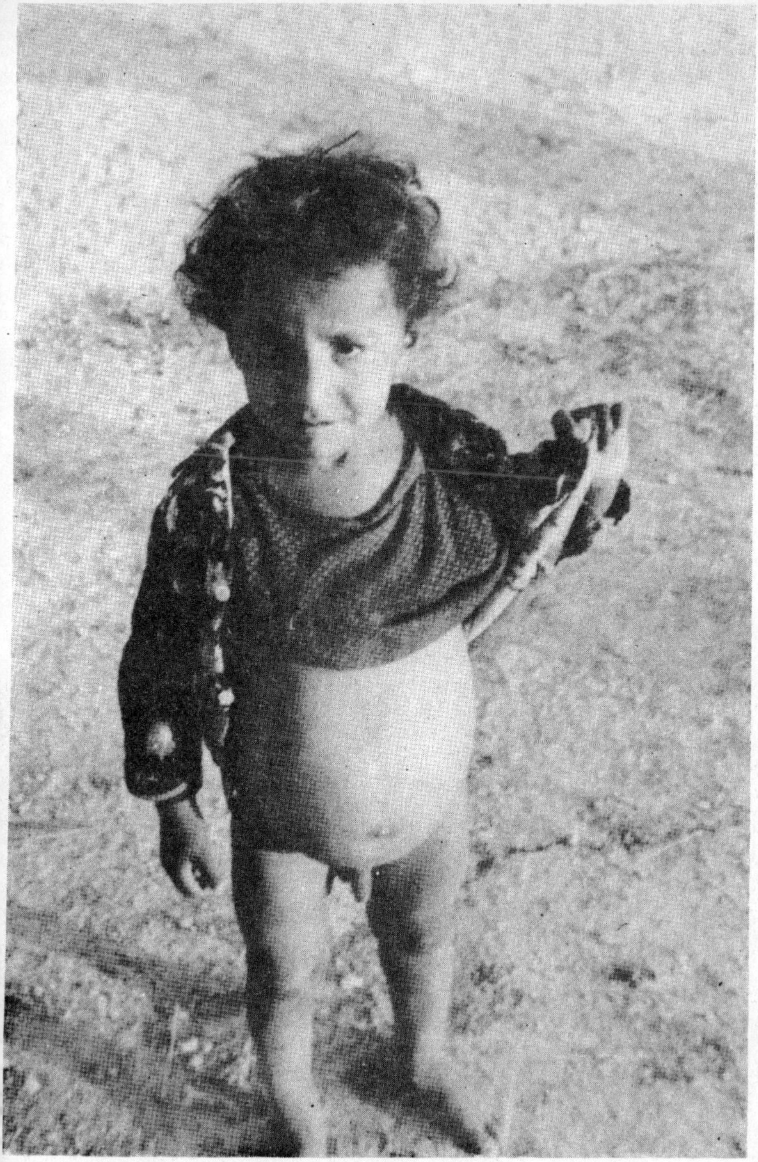

Emine 1975

Ayşe mit ihren Kindern.
(Der kleine Menderes im Schoß seines Vaters)

Die Mutter von Ahmet Reis und Hüseyin Çavuş mit einer selbstgemachten Eselstasche

Eine Wand im Cafe

Ohne Esel
geht's halt nicht

Unser
Dorf
1975

Was sich änderte

Um wenigstens den Namen des Dorfes Nurgöz, in dem ich einst als Lehrer tätig gewesen bin, aus der Welt zu schaffen, haben sie es in „Yeniyuva" (Neues Heim, Neue Heimat) umbenannt. Weil ein anderes Dorf in der Nähe „Yuva" heiß, ist man auf diesen Namen gekommen. Dabei sah Nurgöz bestimmt nicht sehr heimisch aus. Seinen Namen hatte es von der Quelle, die vor dem Dorf entsprang. Im Munde der Bauern hieß es dann auch mit der Zeit „Nurgöz".

Namenwechsel ist der einfachste Weg, den man einschlagen kann. Genau wie jene, die sich von ihrer Vergangenheit trennen und in Vergessenheit geraten wollen, ihre Nachnamen ändern, reicht es den zuständigen Beamten, die Namen von „Çirkince" (Häßlicher Ort) bei İzmir in „Şirince" (etwa: liebenswert) und von „Çirkinota" in „Güzeloba" (güzel = schön) zu ändern.

Die Namen der Dörfer, die mir beim Lesen der Regionalzeitungen oder im Gespräch mit anderen begegneten, hatte ich noch nie gehört. Da ich all die Jahre diese Namen nie gehört hatte, mußten es kürzlich neugeschaffene Namen sein. Als ich weiter nachfragte, erfuhr ich, daß das alte „Mandama" gegenüber unserem Dorf nun „Bozcayurt" hieß. Das Gelverı, das eines der griechischen Bauten war, und in dessen Fensterscheiben sich die Abendsonne spiegelte, hieß nun „Güzelyurt" (Schöne Heimat). Und Çardak (Laube), eines der Dörfer, in denen ich einst Lehrer war, hieß nun Altınkaya (Goldener Fels). Jenes Çardak, welches sich in einem Tal auf der Strecke von Adana nach Ankara befindet. Çardak ist zwar ein persisches Wort, hat sich aber im Türkischen eingebürgert. Und mit dem Namen Çardak hat sich dieses Dorf im Konya Tal einen Namen gemacht. Wenn das Ändern der Namen unser eiligstes Anliegen ist, wie sollen wir dann den Çardak in Tokmakcıs Weingarten und den Çardak in Şabans Weingarten nun nennen?

„Wie sollen wir den Çardak in Şabans Weingarten denn nun nennen, wenn dieses Wort überall umgeändert wird?"
Der Unteroffizier Hüseyın dachte kurz nach:
„Örtülü direk." (bedachte Pfähle)
Das ist auch so etwas wie der Ausdruck: Gökkonutsal avrat. . . (Weib, das in der Luft Gäste empfängt, anstelle von Stewardess. Vgl. auch die deutschen Sprachschöpfungsversuche, z.B.: „Gesichtserker" statt dem ursprünglich französischen „Nase". A.d.Ü.)
Aber Schuld trifft nicht das Sprachinstitut, sondern die Verantwortlichen, die solches Vorgehen als Nationalismus begreifen. . .

Ich freute mich, als ich erfuhr, daß ich nicht der einzige bin, der staunt, als man mir folgende, wahre Geschichte erzählte:
Ein Fahrer belädt seinen Lastwagen und fährt von Ankara nach unserem alten Gelverı, dem neuen Güzelyurt, los. Er kennt Gelverı nicht, und als er in der Gemeinde ankommt, fragt er nach Güzelyurt und fährt in die angegebene Richtung. Kurz vor Güzelyurt fragt er noch mal nach dem Weg. Er muß offensichtlich an einen Spaßvogel geraten sein. „Güzelyurt liegt in der Nähe von Nevşehir", erklärt der Mann. Der Fahrer glaubt ihm und fährt in diese Richtung. Mit seinem Laster und 10 Tonnen Ladung fährt er erst nach Nevşehir und von da aus wieder über Aksaray zurück nach Güzelyurt. Aber mit 30 Stunden Verspätung. . .

Ist an den Namen, die sie nun benutzen, nicht ein abstoßende Monotonie? Sulakyurt, Güzelyurt, Bozcayurt, Alanyurt, Zengınyurt. . .

Sie haben auch den Namen des Dorfes Göstük in der Nähe unseres Dorfes geändert. Göstük, das kaum je die Sonne sieht, heißt nun Doğan Tarla (= Sonnenfeld). Ein noch seltsamerer Name als Göstük.

Als er daran dachte, zeigte der Unteroffizier Hüseyin auf seinen 6jährigen Sohn:
„Und ich habe seinen Namen geändert", sagte er.
„Heißt er nicht Menderes?"
(Menderes = Ministerpräsident der Demokratischen Partei von 1950 bis 1960. Nach dem Militärputsch 1961 hingerichtet. A.d.Ü.)
„Er hieß zwar Menderes, doch nun heißt er Mehmet."
„Du warst zwar spät dran, ihm den Namen Menderes zu geben, aber wie bist du nun darauf gekommen, seinen Namen zu ändern?"
„Wenn es darauf ankommt, muß ich sagen, daß er mein zweiter Menderes ist. Und zu seinem neuen Namen ist folgendes zu sagen: Ein weiser Hoca kam in das Dorf. Wenn ich ihn nun weise nenne, dann heißt das, daß er so weise wie nur möglich war. Er sprach wie ein Buch. Er sagte und sagte uns alles, und an dem Tag, da er fortgehen wollte, sagte er: ‚Ich rate euch: gebt euren Kindern keine Namen, die nicht im Buch stehen.' Mit dem Buch hat er doch die heilige Schrift gemeint, nicht wahr? Also, sollte mein Tun etwa richtiger sein, als seine Worte? Sofort ließ ich Gebete lesen und gab Menderes den Namen Mehmet und die Yüksel nannte ich Fatma. Der eine Name ist der unseres gelobten Propheten und der andere der unserer Mutter Fatma. Ich werde nachschauen, und wenn die Kinder beim Einwohneramt eingetragen sind, werde ich klagen und die Eintragungen ändern lassen."
„Dann viel Glück."
„Habe ich schon. Der Hoca sagte, wenn ihr euren Kindern Namen gebt, die nicht in dem heiligen Buch stehen, werden sie dumm werden, sie werden es nicht nur auf dieser Welt sehr schwer haben, sie werden ihrer Dummheit wegen auch in der anderen Welt nicht in der Lage sein, Rechenschaft abzulegen, und werden verwirrt dastehen. Das stimmt wirklich. Seit ich ihre Namen geändert habe, hat sich das Verhalten der Kinder sehr verändert."

Der überzeugte Demokrat von einst und der überzeugte Nationalist von heute, Unteroffizier Hüseyin, hatte somit, wenn auch über den Umweg der heiligen Schrift, sich von den Namen derer, die er einst bewunderte, und nach denen er seine Kinder benannt hatte, befreit. . .
Nun gibt er ihnen Namen, bei denen sich niemand mehr was denken kann. Eine Art, zur Ruhe zu kommen, sich von vorübergehenden Schwärmereien zu lösen.
„Gibt es noch andere, die Namen änderten?" fragte ich.
„Natürlich, was denkst du? Massenhaft. Dieses Volk wird seinen Kindern nie wieder Namen geben, die nicht im Buch stehen. Was sollten auch all die Namen wie: Hava, Su, Toprak (Luft, Wasser, Erde). . . Nach allem möglichen haben sie ihre Kinder benannt. Da muß es doch auch eine Ordnung geben. In den vergangenen, gesegneten Tagen hat Gott uns diesen Hoca geschickt, sage ich dir, Gott. . ."
Er hob seine Hand an das Ohr und sprach murmelnd Gebete vor sich hin. „Amen. . ." schloß er, und fuhr sich mit den Händen übers Gesicht.

Neue Entwicklungen

Das Gebäude für den Kurs war ziemlich weit außerhalb des Dorfes, an der Straße nach Alanyurt, errichtet worden. Der Bau auf dem weiten Gelände ist recht groß und zweckmäßig angelegt. Außerdem sind die anliegenden Felder dem Korankurs unterstellt. Der Erlös der Ernte dort kommt auch dem Kurs zugute. Einst gab es nicht wie jetzt drei, sondern nur eine Moschee im Dorf. Es gab auch keine speziell zur Erlernung des Namaz und dem Auswendiglernen des Koran eingerichteten Gebäude. Wenn die Schüler damals nicht mehr in die Unterrichtsräume neben der Moschee paßten, retteten Musa Çavuş und Sarı Hafız, Meister auf diesem Gebiet, die Kinder vor dem Herumstrolchen und dem Besuch der Hauptschule, indem sie sie auf einem seki (Schlafpodest für mehrere Personen im Stall, A.d.Ü.) sammelten.

Während die Welt sich weiter entwickelte und die Bevölkerung zunahm, konnten die engen Unterrichtsräume und auch die Ställe die Kinder nicht mehr fassen. Außerdem hatte man sich gedacht, daß dieser Unterricht in einem unserem Zeitalter entsprechenden, hellen, bequemen Bau fortgeführt werden müsse. So dachte man es sich und setzte den neuen Bau mitsamt Grundstück, Feldern, die das Einkommen sicherten, Hühnerställen und einem Internatsteil für die Kinder aus den umliegenden Dörfern, hier hin.

Vor einem Jahr war ich das letzte Mal hier. Damals war es in der Zeit des Ramadan (mohammedanische Fastenzeit) gewesen. Auch damals hatte die „Schule" fast leer gestanden. Denn die Schüler hier schwärmten zur Zeit des Ramadan in die umliegenden Dörfer aus, und die etwas Älteren und Gewandteren gaben den Versammelten in den Moscheen gute Ratschläge und sammelten Weizen und anderes, um den Bedarf der Schule im Winter zu decken. Die Geschichte des Kurses und des Gebäudes ist nicht sehr alt. 1974 war der Bau fertiggestellt worden und wurde mit einem Abendessen und Koranvorlesungen in dem großen Versammlungsraum eröffnet. Gedankt sei ihnen, daß sie mich auch eingeladen hatten. Nach dem Essen hatte Sami Bey als Mittelschullehrer und in seiner Funktion als eine Art Kursleiter, der auch in dem Gebäude wohnte, Spenden gesammelt. Wir gaben, was wir in unseren Taschen hatten. Mal waren es 50 Lira, mal 100.

Im Laufe des vergangenen Jahres hatte sich auch einiges geändert und die Kinder lagen nun statt auf Bodenmatratzen in Doppelbetten. Die Wände waren verputzt worden. Und der Weizenhaufen in der Mitte des Raumes war noch höher geworden. Einen Teil des Weizens hatten die Bauern zur Erntezeit gegeben und den Rest hatten die Schüler aus den Dörfern mitgebracht. . . Manche von ihnen waren immer noch nicht vom Sammeln zurückgekommen.

27 Schüler (Hafız) nahmen jetzt an dem Kurs teil. Ihr Leiter, Ali Hoca, war abwesend, weil er sich um die Reisevorbereitungen für die Pilgerfahrt nach Mekka kümmerte. An seiner Stelle leitete nun sein Sohn, der hier auch Schüler war, den Kurs. Im Schlafraum waren bislang nur 8 Doppelbetten und ein Einzelbett. Also waren 17 Schüler von den Bodenmatratzen gerettet worden. Der Rest schlief immer noch auf dem Boden.

„Herr Lehrer, es ist auch deine Pflicht, ein Bett zu spenden." sagte Reis Ahmet.
„Ich verspreche es euch, wenn ich pensioniert werde."
Der Kurs besitzt 30 Hühner. Nach dem, was die Schüler sagen, können sie damit den eigenen Eierbedarf decken. Und wie sie weiter erzählen, wird beim Besuch eines Gastschülers eines der Hühner geschlachtet, um den Gast zu bewirten.

Manche der Schüler kamen sogar aus den Dörfern Kayseris, z.B. aus Hazerşah bei Bünyan. . .

Als ich mich von den Schülern verabschiedete und mich auf den Weg ins Dorf begab, fiel mir mein gestriges Gespräch mit dem Direktor der Gemeindehauptschule ein.
Als wir über offizielle und inoffizielle religiöse Schulen sprachen, sagte er:
„Das Ministerium schickt uns Schreiben, in denen sie mitteilen, daß in dafür geeigneten Kleinstädten und Dörfern Koranschulen eröffnet werden sollen. Sie wollen, daß die Lage untersucht wird, die interessierten Dörfer festgestellt und ihnen namentlich angegeben werden. In eurem Dorf, Demirci, gibt es schon eine Inoffizielle. Beinahe hatten sie auch noch eine Offizielle eröffnet. Ich habe dem Kaymakan widersprochen und erklärt, daß dieses eine Gefahr für die Mittelschule ist. Schließlich lösten wir das Problem, indem die Koranschule in der Kreisstadt in ein Internat umgewandelt wurde. .."

Ahmet Reis und Boykot Bayram erzählen unterwegs, daß das Essen an der Koranschule sehr gut ist und daß das beste Fett aus dem Dorf hierhin kommt und das Essen sehr fettig ist. . .
„Ich habe ein einziges Mal bei der Eröffnung dort gegessen und das Essen war nicht schlecht" sage ich.
Boykot Bayram erzählt:
„Siyami Bey, der Lehrer der Mittelschule wohnt hier und ißt auch hier." Als er nach den Ferien zurück kam, war er wirklich abgemagert. Mein Onkel İzzet hat ihn gefragt:
„Wo warst du, Sami Bey?"
„In Aydın."
„Gibt es dort keine Koranschule?"
„Warum fragst du?"
„Weil du so abgemagert bist, mein Liebster. . ."

Wüste und Pilav

(Pilav = gekochter Reis, A.d.Ü.) Der Marktplatz unserer Gemeinde ist gerammelt voll. Es ist unmöglich, sich einen Weg durch die Masse zu bahnen. Leute, die sich in Gruppen unterhalten, die sich an irgendwelche Schlangen anstellen oder irgendwo warten, hastig miteinander sprechen. Die meisten haben Bärte und tragen Papiere in der Hand. „Was um Gottes Willen soll die Schlange dort vor dem Fotografen?"
„Die Pilger."
„Was ist der Haufen vor den Busagenturen?"
„Die Pilger"
„Und die vor dem Makler?"
„Die Pilger."
„Gut, ich verstehe. Für den Paß lassen sie sich fotografieren und für die Reise kaufen sie Busfahrkarten dort. Aber was haben sie mit dem Makler zu tun?"
„Das ist das allerwichtigste. Wie sollen sie denn auf die Pilgerreise, wenn sie nicht ihre Felder und ihre Pflüge verkaufen? Der Verkauf findet dort statt. Dort wird der Besitz auf den Namen des Käufers umgeschrieben."

In der Menge traf ich den Hauptimam unseres Dorfes, Ali Hoca. Einen Stapel Papiere unter dem Arm, ging er hastig hin und her. Ich hielt ihm am Ärmel fest:
„Warte doch, Hoca, was soll diese Eile?"
„Rede nicht so. Die Formalitäten für meinen Paß laufen schon. So Gott will, werden wir am 2. November unterwegs sein."
„Sind noch mehr von den Nachbarn dabei?"
„Aus unserem Dorf sind es mehr als 30. Alles Ehepaare."
Wir beschließen, später im Dorf noch ausführlich weiterzureden und trennen uns. Bei dem Fotografen, an dem ich vorbeigehe, ist wieder einer aus unserem Dorf und steht an erster Stelle, mein Verwandter Dımdın Ali.
„Was ist, willst du dich fotografieren lassen?"
„Klar, und so Gott will, steht mir eine gesegnete Reise bevor."
Er hatte sich einen Bart wachsen lassen und ein Käppi auf den Kopf gesetzt. Es sei übrigens auch nicht seine erste Pilgerfahrt.
Im Dorf küsste ich meinem Onkel Sadık die Hände.
„Du bist zur rechten Zeit gekommen, mein Neffe. Jeder Tag hat einen Abend und das Leben den Tod, wie man sagt. Laß uns Abschied voneinander nehmen, bevor ich mich auf die gesegnete Reise mache. Das Weib nehme ich auch mit, deine Hayriye Nine. Was soll's. Die Kinder sind nun aus dem Haus. Der eine ist nun Kaufmann und der andere ist Beamter bei der Kooperative. Jetzt bleibt uns nur noch eines zu machen. Wenn wir in Gottes Namen auch dieses hinter uns gebracht haben, haben wir unsere Pflichten in diesem Leben erfüllt. Jetzt bin ich über 70. Du weißt ja, es heißt, daß ein Bauer, wenn er seinen Sohn verheiratet hat und sein Gebet verrichtet, die Hälfte vollbracht hat, und wenn er seine Pilgerfahrt gemacht hat, die andere Hälfte seiner Pflichten erfüllt hat. . ."
Er fügte noch hinzu, daß er am nächsten Tag in die Kreisstadt fahren und seinen Garten auf den Sohn, der als Krämer zu etwas Geld gekommen war, überschreiben lassen würde. . .

Die Pilger, die mit den Paßformalitäten und ihren Busfahrkarten beschäftigt waren, gaben der Dorfbevölkerung ein traditionelles Essen. Bei diesem Anlaß kann man zweierlei Essen ausgeben. Das erste ist das sogenannte ‚Kleine Essen'. Es besteht aus jeder Art von Speisen bis hin zum Pilav, der Suppe, Eiern und Süßspeisen, die in üblicher Reihenfolge aufgetragen werden. Das zweite ist das ‚große Essen'. Dabei wird nur Pilav mit Yahni und als Nachtisch Traubenkompott serviert. Die Mekka-Pilger veranstalteten meistens ein ‚großes Essen'. Die Angehörigen der Pilgerreisenden gehen gegen Mittag im Dorf herum und laden alle ein, die sie antreffen. Die Eingeladenen kommen entweder einzeln oder in Gruppen. Nachdem sie die große Schüssel mit Pilav und Yahni gemeinsam ausgelöffelt haben und eine Schüssel Kompott dazu verspeist haben, beten sie, umarmen den Reisenden und verabschieden sich von ihm. Das Kommen und Gehen der Gäste zieht sich über Stunden hin.

Ich konnte nur an einer dieser Einladungen teilnehmen. Meister Durmuş, der Sohn Alişkis, der sich mit Öfen, Türen und Fensterrahmen sehr gut auskennt, wird sich auf die Pilgerreise machen. Wir trafen uns und gingen gemeinsam zu ihm. Einige andere waren schon vor uns angekommen. Zu acht haben wir den Pilav gegessen, ausgelöffelt, danach brachte er uns eine flache kupferne Schüssel Yahni mit Fleisch. Er bediente uns selbst. Ich weiß nicht, ob es daher kam, daß es ein Pilgeressen war, aber der Yahni mit dem Pilav war sehr schmackhaft. Wie die Nachbarn während des Essens erzählten, fuhr jeder aus dem Dorf, der ein Stück Land, somit also Geld, hatte, nach Mekka. Angefangen bei Durmuş, dem Sohn Savrans, zählten sie jeden einzeln auf, der nach Mekka pilgern würde. Einige, wie Musa der Verrückte oder Dımdın, pilgerten wohl zum fünften Mal. Dies Jahr befand sich auch „Çolak Mustafa" unter den Pilgern. Aber von den letzten beiden, die sie aufzählten hieß es, daß sie jedes Jahr an der Pilgerreise teilnehmen, dort in Mekka betteln und jedesmal mit viel Geld und Waren wieder zurückkommen. Ein Teil der Devisen fließt also wieder zurück. Nun soll es auch solche geben, die stellvertretend für andere, die sich nicht selbst auf die Reise wagen, pilgerten. Diese waren in den letzten Jahren fünf- bis sechsmal nach Mekka gefahren und jedes Mal im Namen eines anderen.

Die Menge, die vor den mit Bildern ausgeschmückten Busagenturen drängte, wo Busfahrer in arabischer Kleidung rumliefen, war beim zweiten Mal, als ich in die Kreisstadt ging, noch furchterregender. Dabei pilgerte vor 25 Jahren aus einem Dorf vielleicht einer oder zwei. Und der kam dann auch mit einer Krankheit wie vielleicht Dysenterie oder Cholera wieder zurück, steckte einige andere hier an und ging dann von dannen. . .

Bräute

Ich sitze im Butangas Verkaufsladen von Remzi. Er selbst ist nicht da. Seine Frau, Zarife, meine Schülerin ist nur da. Gegen ein Ei, vier Schachteln Streichhölzer, und gegen vier Eier wer weiß was noch. . ., dauernd wird eingekauft. Sie hat die Regionalzeitung „Hasandağı" vor sich liegen und wickelt die verkauften Waren darin ein.

Ich werde auf einen Bericht aufmerksam. Eine furchtbare Nachricht in der Ausgabe vom 20. Oktober. Ich nehme es und zeige sie ihr: „Hast du das gelesen?" frage ich sie.
„Lesen? Als die Schulpflicht vorbei war, haben sie mich doch damals von der Schule runtergeholt. Und was ich gelernt hatte, habe ich schon lange vergessen."
„Dann hör zu" sage ich und beginne zu lesen:

> 284 Würmer wurden operativ aus dem Bauch entfernt
> Der 14jährige Yunus Altın aus der Gegend um Balcı wurde in das Krankenhaus in Aksaray eingeliefert, wo ihm 284 Würmer operativ aus dem Bauch entfernt und somit sein Leben gerettet wurde.

„Na, und? Hier die Kinder verlieren jeden Tag eine Handvoll von diesen Würmern. Und so was schreiben die als Nachricht in die Zeitung?" sagt sie. Und fährt fort: „Wenn es mir doch auch so erginge und ich auch endlich gerettet wäre. . ."
„Was meinst du?"

„Mein Alter hat nun zwar zwei Weiber und das Weib, das er sich aus Alanyurt mitgebracht hat, hat jetzt einen Sohn, den wir Murat (Glück) nennen, und uns glücklich machte. . . Seit Jahren gehe ich schon zu den Ammen und mache Sitzungen. Wenn ich von Ammen spreche, meine ich natürlich unsere alten Weiber. Nun ist ein Leid in meinem Körper. Ich mag nicht essen und trinken, und in meinem Bauch pocht es ständig. Ankara, Konya, Niğde, überall bin ich schon gewesen. Jeden Arzt habe ich schon aufgesucht. Die Ammen haben mein Inneres mit allem möglichen durchstochen. Eiter, oder wie sie es nennen, soll in mir sein. Aber ohne eine Operation soll es nicht möglich sein, davon los zu kommen."
„Und wie ist es mit Arzneien?"
„Das Haus, der Laden, alles steht voll mit Medikamenten. Die mag ich auch nicht mehr nehmen, ich habe es satt."
„Gut, dann läßt du dich eben operieren und bist dein Leiden endlich los. Warum beneidest du den Jungen aus Balcı, der Arme hat sich auch operieren lassen müssen und ist nun geheilt."
„Ich habe Angst. Dieser Eiter ist nicht nur an einer oder zwei Stellen meines Körpers. Ich allein weiß, was ich Jahre lang gelitten habe, da hilft auch keine Operation mehr. Man müßte mein Inneres herausnehmen und wegwerfen."

Die Bauern verlangen höhere Kredite, aber die Beamten der Kooperative sagen, sie hätten keinen Lageplan der Grundstücke: „Wir teilen die Kredite entsprechend den Eintragungen der Grundstücke nach dem Grundbuchauszug auf." sagen sie.

Ich glaube, sie haben an Hand dieser Eintragungen Listen zusammengestellt und diese an ihre Filiale in der Kreisstadt geschickt. Aber die Liste ist durchgestrichen und aus 1.000 Lira sind 500 gemacht, und aus 500 Lira 300 gemacht worden usw. Es wurden also nur halb so hohe Kredite gewährt, wie die Bauern es beantragt hatten. Eigentlich müßte für ein Land von einem Dekar 15.000 TL in bar, Dünger für 57 TL und Saatgut im Werte von 49 TL gegeben werden. (Diejenigen, die kein Land besitzen, gehen dabei natürlich leer aus. . .) Von dieser Summe wird noch der Wert des Pfandes abgezogen. Die Höhe des Pfandes bestimmt natürlich auch die Höhe der Kredite. 100 TL gelten als ein Anteil, für einen Pfand von 100 TL wird also ein Kredit in Höhe von 1.000 TL gewährt.

Einer der Teilhaber sträubt sich gegen diese Regelung. Er erinnert an den verrückten Kaymakam (Landrat) aus dem Buch „Bevor das Eis schmilzt" von Cevat Fehmi, der die Provinzhauptstadt auf den Kopf stellte. „Dieser Yusuf Ağa ist immer so, er gibt sich nie mit seinem Anteil zufrieden." sagten die anderen zwar, aber er gab nicht nach:
„Ihr habt 1.000 TL für mich ausgerechnet und ich will nun auch 1.000 TL ausgezahlt bekommen. Ob ihr nun wegen der Eintragungen oder wegen sonst was mir nur 500 TL geben wollt, interessiert mich nicht. Wenn ihr mir nicht die 1.000 TL geben wollt, dann stellt mir eine Rechnung aus und gebt mir mein Pfand wieder zurück."
„Unseren Eintragungen nach kannst du nur 500 TL bekommen, Onkel Yusuf, da ist nichts zu machen. Wenn du willst, kannst du einen schriftlichen Antrag stellen und wir schließen deine Rechnung." sagten die Beamten. Ich beugte mich zu Hüseyın Efendi, der mir zur Rechten saß:
„Könnt ihr ihm seinen Anteil auch wirklich wieder rausgeben, wenn er es wollte?"
„Ach was." sagte er. „Bis der erst einen schriftlichen Antrag stellt, dauert es noch eine Weile. . . und dann muß er noch ein halbes Jahr warten. Es gibt da massenhaft Formalitäten. Übrigens spielt er sich jedes Mal so auf und nimmt dann doch das Geld."
Yusuf Ağa richtet sich an seinem Stock auf und schreit herum. Er schimpft auf die Regierung und die ganze Welt. . .

Aus Ağaçlıköy ist jemand da, der ein paar Hundert Lira Kredite braucht. Um das Geld bekommen zu können, muß er erst

60 Lira als Pfand einzahlen. „Ich habe aber nicht einmal 10 Kuruş in meiner Tasche. Zieht mir doch die 60 Lira von dem Kredit ab, wenn ihr ihn mir auszahlt." sagt er.
„Das entspricht nicht unseren Anweisungen. Erst mußt du das Pfand einzahlen", antworten sie ihm.
Zum Glück zahlt Üssün Ağa aus dem selben Dorf den Pfandbetrag und die Anweisungen können eingehalten werden. . . Eine Sorte Dünger wird zu 110 Kuruş und die andere zu 130 Kuruş verkauft. Aber weit und breit ist kein Düngemittel zu sehen. Das bißchen, was da war, ist schon längst verteilt.
„Kann der Bedarf an Düngemitteln gedeckt werden?" frage ich den Buchhalter Ramazan Efendı.
„Wir glauben, die Hälfte der Bestellungen liefern zu können."
„Und das Saatgut?"
„Weil das Geld für die Saat der vorigen Jahre noch nicht eingezahlt worden ist, haben wir dieses Jahr keine Saat bekommen."
Noch bevor ich fragen kann, wie das denn möglich sei, platzt Üssün Ağa aus Ağaçlıköy laut heraus:
„Unsere Saat, weißt du, unsere Saat taugt ja nichts. Das Zeug dürfte eigentlich nicht mehr ausgesät werden. Aber es sieht ja so aus, daß wir nicht einmal dieses Zeug bekommen werden. . ."
„Ihr seid rechtschaffene Bauern. Könnt ihr nicht, wenn ihr euer Mehl und euren Weizen für den Winter lagert, auch einen Sack für die Saat des nächsten Jahres beiseite legen? Dann wäret ihr auch nicht auf den einen Sack Saat angewiesen, von dem ihr nicht einmal wißt, ob der Staat ihn euch liefern wird oder nicht." sage ich.
„Ihr habt recht." sagt Üssün Ağa. „Recht habt ihr schon, aber wißt ihr nicht auch, was der ganze Parteikram uns angetan hat? Seit zehn Jahren haben wir einen kaputten Saatausleser. Vor 15 Jahren haben sie einen Teil im Dorf Demirci und den anderen Teil in Ağaçlı aufgebaut. Wer uns die meisten Stimmen gibt, dem werden wir es aufbauen, haben sie gesagt. Sie haben das Ding bis heute weder hier noch dort aufgebaut, noch repariert. Es steht bloß rum. Und mit der Aussaat ist auch nicht mehr viel anzufangen."

„Ich kann mich an die Sache mit dem Saatausleser erinnern", sage ich. Ich erinnere mich an die Worte der Bauern, die vor 28 Jahre in die Kreisstadt gingen, dort Saatgut kauften, noch dort weiterverkauften, und das Geld für dringende Anschaffungen ausgaben.
„Das, was der Staat für uns tut, ist nicht einmal den Frosch wert, den sie dafür aufschrecken."

Während die letzten 30 Jahre wie ein Film vor meinen Augen ablaufen, sehe ich, daß sich an der ganzen Sache mit den Krediten, der Saat und dem Saatausleser nichts geändert hat. Hauptsache ist ja, es wird so getan, als würde man etwas tun. . .

Windei

Den ganzen Tag habe ich mich mit dem Hauptschuldirektor Mehmet Söyler unterhalten. Die Hefte und Akten liegen noch vor uns. Ich wollte mich in groben Zügen über die schulische Lage in unserer Gemeinde informieren. Dies sind die Ergebnisse, die wir rausbekommen haben: In nur zweien der 123, zur Gemeinde gehörigen Dörfer gibt es keine Schule und keinen Lehrer. Eines dieser beiden Dörfer hat 60, das andere 40 Einwohner. In den Dörfern und ihrer Umgebung gibt es 139 Hauptschulen und 385 Hauptschullehrer. Die Frequenz der Klassen beträgt in der Kreisstadt 60 bis 65, in den Dörfern 40 bis 50 und in der Umgebung 15 bis 20 Schüler. 30.000 Kinder befinden sich im schulpflichtigen Alter.

„Können alle beschult werden?" frage ich Söyler.
„5% der Schüler kommt nicht zur Schule. Außer in den Dörfern um Ekecik sind die Schülerinnen regelmäßig anwesend. Es bleibt ja auch kein Lehrer in der Gegend, wie sollen da die Schüler regelmäßig kommen? Nur wenn dort eine regionale Schule gegründet würde, hätte man Aussicht auf Erfolg. Dann könnte man auch neben dem Kurdischen Türkisch lehren."

„Also widersetzen sie sich immer noch dem regelmäßigen Schulbesuch?"
„Nur in den Gebieten um Ekecik. Aber dort und auch in den anderen Gebieten haben die Rückkehrer aus Deutschland recht großen Einfluß auf die Verbesserung des Schulbesuches. Vor allem hinsichtlich der Mädchen. . ."
„ Und wie sieht es in der Kreisstadt aus?"
„Die einzige Mittelschule reicht nicht mehr aus. Das Gymnasium ist ebenfalls überfüllt. Nur in den Hauptschulen ist es nicht ganz so schlimm."

In dem Moment kommt eine Lehrerin mit ihrem Schwiegervater herein. Sie ist die Lehrerin aus der Şabanlı Yayla (Yayla: Hochebene) mit 18 Häusern. Der Schwiegervater möchte seine Schwiegertochter an einen anderen Ort versetzen lassen, wo sie bequemer und gefahrloser hin und zurück fahren kann.
„Wenn ihr an Gott und unseren Propheten glaubt, dann rettet mir meine Schwiegertochter aus dieser gottverdammten Gegend." sagt er. „Stellt euch vor, zwei Bewaffnete würden den Ort überfallen. Wer könnte in der Einöde der Berge etwas gegen sie unternehmen?"
„Wo ist dein Sohn, wenn du der Schwiegervater bist?"
„Mein Sohn? Mein Sohn ist weit weg. . .versetzt. . ."
„Wie steht es um die Arbeit der ‚Ausschüsse für Hauptschulausbildung'? Können sie den Kindern, die nicht zur Schule kommen, nachgehen?" frage ich Söyler.
„Diese Ausschüsse verhängen eine Strafe von mindestens 100 Lira über die Eltern, die ihre Kinder nicht zur Schule schikken. Aber weil es zu wenige Geldeintreiber gibt, können diese Strafgelder nicht eingezogen werden. Dieses System funktioniert also nicht."
Hoffentlich gibt es keine Spaltung unter den Lehrern?"
„Weißt du, da muß ich erst eines sagen: die Lehrerschulen produzieren nichts als leere Bienenstöcke. . . Die Absolventen der Lehrerschulen fragen noch bevor sie sich eingerichtet haben nach der Adresse der Ülkü-Bır (faschistische Lehrerorganisation) . . . Obwohl viele mit der TÖB-DER sympathisieren,

müssen viele Lehrer unparteiisch bleiben. Etwa 40% sind Mitglied der TÖB-DER, 10% gehören der Ülkü-Bır an. Die restlichen sind neutral, und die meisten der unparteiischen sind Frauen. . . Eigentlich haben sie sich sogar in drei Gruppen gespalten: TÖB-DER, Ülkü-Bir und Mefküreciler (religiös orientierte Lehrervereinigung). Die dritte Gruppe können wir als die religiös orientierte bezeichnen. Ihre Zentrale ist in Nevşehir, nicht weit von hier."

Wir halten, als wir an dem Buchladen des pensionierten Lehrers Zeki Çakır vorbei gehen, der wohl den Rekord in Sachen Zwangsversetzung hält. Die Schaufenster sind voll mit Rotz und Spucke. . .
„Das ist unser Schicksal, das machen die Jungen jede Nacht und wir sind noch froh, daß sie wenigstens nicht die Scheiben einschlagen." sagt er. „Entschuldigt, wir haben diesen Morgen noch nicht sauber gemacht." Kinder, die nach Schulbüchern fragen, gehen leer aus. In dem Buchladen gibt es nicht ein einziges Schulbuch. Auch vor dem Laden des anderen Zeki Bey, dem früheren und jetzt pensionierten Bankdirektor, drängen sich die Menschen in Grüppchen. Von drinnen ist laufend dasselbe zu hören: „Wir haben keine Bücher", obwohl die Menge es nicht glaubt, und immer noch versucht, reinzukommen. . .

Ich gehe in den Laden der Akbaş. Es sind die Kinder meines verstorbenen Freundes. Sie legen ihre Arbeit hin und umarmen mich. „Wir bitten dich, Bruder hilf uns und hilf all diesen Leuten. . ." sagen sie.
„Wie ist die Lage?"
„Wir haben weder die vom Ministerium herausgegebenen Bücher noch die anderen. Wir haben 500 Stück bestellt, aber sie haben uns nur 25 Stück geliefert. Den Rest kannst du dir ja selbst vorstellen. Wenn das Ministerium schon so arbeitet, was sollen wir dann noch sagen? Mit den Sachkunde- und Mathematikbüchern für alle Klassen der Mittelschule ist es am schlimmsten. Wir haben auch kein einziges Exemplar der

„Türkischen Sprachlehre". Schon im August haben wir das Geld im voraus gezahlt. Jetzt haben wir November und die Bücher sind immer noch nicht da. Unser Gewinn geht ja für die Transportkosten drauf, aber wenn die Bücher doch nur endlich kämen und den Schülern damit gedient wäre. . ."

Vor lauter Kommando- und Nationalismusspielen finden wir keine Zeit, unseren Kindern auch die schlechtest gedruckten Bücher zu beschaffen, geschweige denn ihnen vernünftige, richtige, sauber gedruckte, wissenschaftliche Bücher in die Hand zu drücken.

Wenn man sich das Problem mit den Schulbüchern etwas näher betrachtet, wird man ganz niedergeschlagen. Nicht zu reden von der Außenpolitik, Innenpolitik, dem Export, Import, den wirtschaftlichen Problemen. . .

Wir gehen zum Büro der TÖB-DER, in der Hoffnung, uns dort etwas aufheitern zu können. Und man fühlt sich dort auch gleich viel besser. Zuerst fallen einem angenehm die Wände voll mit Bildern von Atatürk und Tonguç auf. Dann die Plakate an den Wänden:

„Recht auf Ausbildung für alle"
„Nein zur imperialistischen Ausbildung"
„Nieder mit den faschistischen Repressionen"
„Wir wählen unsere Leiter selbst"
„Vorwärts auf dem Wege des 15/16. Juni"

Rahmi erzählte

Das Dorf, in dem er arbeitete, lag an der Straße von Nevşehir nach Aksaray und hatte 5 Häuser. Zwei Lehrer hielten in dem einzigen Klassenzimmer in zwei Schichten Unterricht ab. Die Sachverständigen nannten das „eine anormale Lehrsituation". Sie hatten 78 Schüler. Eigentlich könnte man an die 120 Kin-

der im schulpflichtigen Alter auftreiben. Sie konnten aber nichts unternehmen gegen die, die nicht zur Schule kamen. Über die ‚Ausschüsse für die Hauptschulausbildung' konnten sie in dieser Hinsicht auch nicht weiterkommen. Nur wenn sie es schafften, die Schüler selbst von der Wichtigkeit des Schulbesuches zu überzeugen, hatten sie Erfolg. Manche der Schüler hatten seit drei Jahren nicht einen Fuß über die Schwelle der Schule gesetzt, obwohl sie offiziell angemeldet waren. . . „Wir leiten die üblichen Formalitäten ein und führen eine Untersuchung durch, doch bei dem Muhtar (Ortsvorsteher) bleibt dann alles wieder hängen." sagte er. „Der Vorsitzende des Ausschusses ist der Muhtar. Der Lehrer ist stellvertretender Vorsitzender, also der Schreiber des Muhtar. So was wie Hauptschulausbildung gibt es also im Grund genommen gar nicht. Laßt mich euch etwas Unglaubliches sagen: Eine Tatsache, von der ich in vielen Dörfern und Kleinstädten der Türkei schon gehört habe, gibt es auch bei uns in Yalman. Ich wünschte mir, ihr würdet eines Tages kommen und es euch selber ansehen. Alles ist genau so, wie die MC (Abkürzung für Millıyecı cephe = Nationale Front; MC nannten sich die Demirel Regierungen) es wollte. 4 der Schüler aus der 5. Klasse können weder lesen noch schreiben. Aus der 4. Klasse sind 6 Analphabeten. Die Lehrerin dieser Klasse ist Frau Selma Gürsoy. Bevor sie kam, unterrichtete ich die Klasse."
Ich frage Frau Selma, die unter der Menge sitzt: „Stimmt das, Frau Lehrerin? Die Bauern haben kein Interesse am Lesen und Schreiben. Sie gehen nur in die Schule, weil sie nun mal erfunden worden ist."
Aufgeregt beklagt sich Rahmi Gür:
„Den Bauern sind zwei Schafe zu hüten wichtiger, als die Kinder oder das Lesen. Aus Yalman kann man leicht abhauen. Das Dorf liegt direkt an der Straße. Die Lehrer sind alle abgehauen. Manche haben die Schule wochenlang nicht geöffnet. Die Schule ist funktionslos. Und bei den Schülern herrscht Unruhe, weil sie keine weiterführenden Schulen besuchen können. Das wird auch dadurch beeinflußt, daß Analfabeten den Hauptschulabschluß nachmachen und sich ein Diplom verschaffen

können. Kurz: Das Diplom der Hauptschule kann man sich für 50 Lira überall beschaffen. . . Das ist das einzige, was man dazu noch sagen muß. . ."

Numan Anaç, der Lehrer aus dem Dorf Asar, sagt: „Der Unterricht an den Dorfschulen beginnt zu früh. Deshalb nehmen die Schüler die ersten Monate nicht regelmäßig am Unterricht teil. Später normalisiert sich das. Denn die Kinder gehen für Lohn Sonnenblumenkerne ausschlagen. Außerdem zeigt auch in meinem Dorf die Bevölkerung kein Interesse an der Schule. Wie die Kollegin eben treffend sagte, schicken die meisten ihre Kinder nur deshalb zur Schule, weil sie nun mal erfunden worden ist. Manchmal versammle ich die Eltern. Sie sagen dann: „Verlange du nichts von uns, dann verlangen wir auch nichts von dir." Unsere Schule hat 3 Klassen und 5 Lehrer aber. . . Ja, was aber sonst noch ist, habe ich ja gesagt. . .
Ich frage Rahmi:
„Und was habt ihr auf der Versammlung gemacht, was für einen Beschluß habt ihr gefaßt?"
„Mit unseren Inspektoren Ali Doğan und Suphi Ünlüer haben wir ein Gemeindetreffen veranstaltet. Unser erstes Thema war: Habt ihr Schwierigkeiten bei der Durchführung des Programmes für 1968? Alle verneinten diese Frage, so gingen wir zum zweiten Punkt über. Der zweite Punkt befaßte sich mit dem Zeitplan für Unterricht aus der Zeitschrift für offizielle Mitteilungen vom 15. April 1975. Dort ist vorgesehen, daß an Schulen mit doppelter Belegung je eine Stunde pro Tag, also 15 Unterrichtsminuten zugelegt werden sollen, um den Unterschied zu den Schulen in den Städten zu beheben. Ich habe das ausgerechnet. Wir haben an weniger als 150 Tagen Schule und somit schulden wir die übrig bleibenden Stunden noch im nächsten Jahr. Ich habe allen meine Rechnung erklärt. Der Inspektor Doğan erklärte: „Diese Angelegenheit haben wir nach Ankara weitergeleitet. Noch haben wir keine Antwort bekommen. Bis die Antwort kommt, bleibt alles beim alten." Und ich fragte noch: Unsere Schule ist doppelt belegt. Um 8 Uhr beginnt der Unterricht und geht bis 18.30 Uhr. Aber um

16 Uhr fängt es an, dunkel zu werden. Wie sollen wir für Licht sorgen und noch weiter unterrichten können?' Auf diese Frage wurde nicht eingegangen. Als dritter Punkt kamen wir zu den Anträgen. Aber der Hauptschuldirektor aus Kılıçaslan, der die Inspektoren jederzeit sprechen kann, ließ die Dorflehrer kaum zu Wort kommen. Er sprach die ganze Zeit von Ernährungskunde und anderem. . ."

„Gibt es noch etwas, was du gesagt hättest, wenn du die Gelegenheit gehabt hättest?"

„Natürlich, im Haushaltsplan von Yalman sollen 150 Lira für Schulausgaben vorgesehen worden sein. Aber der Muhtar wird das Geld doch nie ausgeben."

„Das ist ein altes Leid. Gibt es sonst noch was neues?"

„Neu ist, daß ich seit Cem weg ist, das türkische Radio boykottiere. (Cem: Ismail Cem, Direktor der türkischen Fernseh- und Rundfunkanstalt von 1973 bis 1975. A.d.Ü.) Aus dem zypriotischen Rundfunk höre ich mir die alten Volkslieder an: Mädchen, deine Haare sind gelockt. . . Was bleibt sonst zu machen? Eigentlich habe ich ja kein Radio mehr, ich habe meins nämlich zerschlagen. Ich höre mit dem Radio der Frau Lehrerin den zypriotischen Rundfunk."

Ich erinnerte mich an Salim Altıns vorige Worte, als Rahmi so sprach: „Ich hatte das auch im Stadtklub gesagt. Die von der AP (Adalet Partisi = Gerechtigkeitspartei: Süleyman Demirel ist Parteivorsitzender) konnten nicht widersprechen. Mensch, habe ich gesagt, seitdem Cem weg ist, ist das Programm nicht mehr auszuhalten. Er hatte die Sendungen verbessert und mehr Sender geschaffen. . . habe ich gesagt. Unser Abgeordneter Altınsoy hat auch zugegeben, daß er eine hohe Meinung von Cem hat."

Bestimmte Ansichten

An einem warmen Sommertag geht Cumalı aus unserem Dorf İncesu bei Aksaray auf das Feld. Er pflügt, so viel er kann und

kehrt zurück ins Dorf. Den ganzen Tag lang hat er gepflügt und sich dabei vorgestellt, wie es wäre, wenn er der Gouverneur von Nığde wäre. Die ganze Zeit fragte er sich: ,,Würde ich fähig sein, die Stadt zu regieren, wenn sie mich zum Gouverneur ernannten oder nicht?" Dann begann er sich auszumalen, was er alles täte, wenn er Gouverneur wäre.
Der Winter verging und das Frühjahr kam. Auf den Feldern bog sich das Korn im Wind. Als die Bauern umherliefen, um nach der Ernte zu schauen, bemerkten sie, daß auf einer bestimmten Stelle auf dem Felde Cumalis, bei Ağgöcek nichts wuchs. Als sie zurückkehrten, erzählten sie ihm dies.
„An dem Tag war ich gerade Gouverneur von Nığde." antwortete Cumali nach kurzem Überlegen.
Offensichtlich vergaß er zu säen, als er Gouverneur war.

Als ich mit dem Lehrer Adem sprach, der Jahre lang hin und her versetzt worden war und somit das ganze Land vom Osten bis in den Westen bereist hatte, und zuletzt in Taşpınar gelandet war, fiel mir Cumali aus İncesu ein.
Adem erzählte von einer Versammlung, die sie vor den Wahlen unter dem Vorsitz des Gouverneurs abgehalten hatten. ,,Das Zafer-Kino war so voll, daß man sich nicht rühren konnte. Alle Lehrer waren da." sagte er . ,,Der Gouverneur eröffnete die Versammlung mit einem statistischen Bericht über die Lage der Haupt- und Mittelschulen, und sprach über die Probleme der Lehrer an diesen Schulen. Er rechtfertigte die Zwangsversetzungen. Er mag reden, was er will, die der MC nahestehenden Lehrer sind innerhalb eines Monats so oft versetzt worden, bis sie eine für sich passende Stelle gefunden haben. Als Beispiel dafür kann ich die Tochter des Ali Durkan angeben und die Tochter des Kadıoğlu. Aber andererseits ändert sich nichts an der Lage der Lehrer, die aus gesundheitlichen Gründen längst hätten versetzt werden müssen. Es klang also nicht sehr glaubwürdig, als der Gouverneur sagte: ‚die Dorflehrer stehen nicht verlassen in ihrer Ecke, denn wir stehen euch zur Seite und werden euch nicht allein lassen.' Der

Direktor des Erziehungsministeriums sprach in einem ähnlichen Ton zu uns. . ."

„Gut mein Neffe, am Anfang eines neuen Schuljahres sind solche Versammlungen nichts Außergewöhnliches. Was sie beabsichtigen, ist auch klar: den Lehrern Mut zuzusprechen und sie darauf hinzuweisen, worauf sie im Laufe des kommenden Schuljahres zu achten haben. Wenigstens ist dies aber eine Gelegenheit, sich kennenzulernen. Es ist schon erfreulich, wenn ein Gouverneur in die Kreisstadt kommt und mit Lehrern spricht. Nicht jeder Gouverneur tut so was! Als ich hier Lehrer war, haben wir nicht ein einziges Mal einen Gouverneur zu Gesicht bekommen. Ihr habt wirklich Glück. Da Aksaray eine der ältesten Gemeinden ist, gibt es dort einen Kaymakam, der sich für einen Gouverneur hält. Auf solchen Versammlungen riet er uns die Klassiker zu lesen, und machte dann jenen, die es wirklich taten, die Hölle heiß. Warum sorgst du dich, da man ja nach einer Versammlung nicht sicher sein kann, ob der Gouverneur auch so einer ist oder nicht?"

Zwischen den statistischen Berichten und das andere Gerede war einiges sehr ungeschickt eingeschoben worden. Vor den Wahlen hatte man von den Lehrern verlangt, der MC gut gesinnt zu sein. Diese Sätze habe ich mir während der Versammlung wörtlich notiert:

„Wir alle müssen uns als Teile der gesamten Staatsmaschinerie in bestimmten Ansichten einig sein."

„Wir haben feststellen können, daß sich in unserer Gemeinde nur wenige Lehrer befinden, deren Wurzeln außerhalb liegen."

„Als Teile des Staatsmechanismus müssen wir innerhalb der von Gesetzen festgelegten Grenzen bleiben."

Heute sind unsere Dörfer in der Entwicklung begriffen. Als ich 1948, noch als Kaymakam, in eines unserer östlichen Gemeinden reiste, fragte ich die Bauern, ob sie eine Schule wollten. Sie antworteten mir:„Wir wollen keine Schule, wir brauchen Salz. Unsere Bauern sind längst aus dieser Situation raus und verlangen nun auch Strom, Straßen und Mittelschulen."

Adem, der Jahre lang die Last der ständigen Versetzungen auf seinen Schultern trägt, und meines Erachtens sich auch nie mehr davon befreien können wird, atmete tief und sagte:
„Bitte sagt es mir, wenn ich mich irren sollte: da der Bürgermeister, den der Gouverneur mit zur Versammlung brachte, Mitglied der AP ist, und er selbst während der Regierungszeit der Nationalen Front (MC) in diese Gemeinde versetzt worden ist, ist es da nicht klar, was unter „,bestimmter Ansicht" zu verstehen ist? Der Ausdruck „die Wurzeln liegen außerhalb" wurde das erstemal von Hüseyin Öğütcen, unserem ehemaligen Gouverneur, zur Zeit der Ereignisse des 12. März (12. März 1971: Das Militär übernahm nach einem Putsch die Macht), benutzt, danach sind die Wohnungen der Lehrer bis in die letzte Ecke durchsucht worden. Manche unserer Freunde, die in ihren Wohnungen Bücher hatten, sind versetzt worden. Überhaupt konnten wir nicht verstehen, wie sie die Lehrer, deren „Wurzeln außerhalb" sind, feststellen. Und um auf die „gesetzlichen Grenzen" zu kommen, so sieht die Öffentlichkeit ja, wer es ist, der die Grenzen des Gesetzmäßigen überschreitet. . ."

„Vielleicht hast du recht, aber ich kann nichts zu einer Versammlung sagen, an der ich nicht teilgenommen habe."
„Da braucht man nicht unbedingt dabei gewesen zu sein. Es ist alles genauso, wie ich es erzählt habe. Es waren dort so viele Leute anwesend, daß sie eine lange Reihe vom Regierungsgebäude bis zum Rathaus bilden könnten, wenn man sie aneinander reihte. Sie alle wissen es. Zur gleichen Zeit, als der Gouverneur noch redete, wurden an einer anderen Ecke des Raumes Flugblätter der Ülkü-Bır Aksaray-Vertretung verteilt."
„Haben sie dir auch eins gegeben?"
„Natürlich, was denkst du? Hier!"
Er hatte das Flugblatt aus der Tasche geholt und mir in die Hand gedrückt.

Ich spreche mit dem Direktor der Hauptschule Faık Sevindir, in Çardak.
„Letztes Jahr ist die Mittelschule gegründet worden." sagt er. „Aber sie hat weder einen Direktor noch Lehrer. Um alles muß ich mich kümmern."

Als wir unsere Unterhaltung fortführen und über verschiedene Probleme sprechen, erzählt er, daß 12 Lehrer an der Hauptschule tätig sind, daß es im Dorf 4 Fernseher gibt, von denen 2 in Kaffeehäusern und 2 in Privatwohnungen stehen, und daß es in vielen Häusern Radio gibt.
Außerdem fügt er hinzu, daß in der Asma Yayla und der Halvay Yayla Hauptschulen eröffnet worden sind.

Die Mittelschule in Çardak hat 150 Schüler. Die Kinder kommen aus den umliegenden Dörfern. Die Mittelschule ist in einem unzureichenden Gebäude untergebracht. Sie wollen, daß der Bau in den Fünf-Jahresplan aufgenommen wird und legal ausgebaut wird. Jeglicher Bedarf der Schule wird von den Einwohnern gedeckt.

Ich erfahre, daß genau 264 Arbeiter aus Çardak in Deutschland arbeiten. Obwohl zwischen Çardak und der Kreisstadt ein reger Verkehr herrscht, kommt keine Zeitung in das Dorf. Die Einwohner sehen in der Beschaffung der Zeitung ein unlösbares Problem. Man ist geneigt, Çardak „das Dorf, in das keine Zeitung kommt" zu nennen.

Wir kehren 26 Jahre zurück in die Vergangenheit und denken an die Jahre, als ich hier arbeitete. Der damalige Muhtar Hacı Yusuf erzählt, wie der Gouverneur von Niğde damals hierher kam, die Bauern ihre Schuhe ausziehen ließ und ihre Strümpfe inspizierte. Wir lachen.

Die Lehrer beginnen die jetzigen Lehrer mit den in den Dorfinstituten ausgebildeteten zu vergleichen. Wir diskutieren stundenlang über alles mögliche, bis zum Waffenembargo der USA und den Regierungsangelegenheiten.

Genau wie in Nurgöz ist auch hier nichts weiter zu bemerken, als daß die Häuser nun näher gedrängt stehen. Der Bau, der Schlamm, die Mauer, die Steine, alles steht noch an alter Stelle. . .

Nur Bektaş Ağa hat sehr weit außerhalb des Dorfes ein Viertel mit dem Namen „Freiheitsviertel" gegründet und ist mit Kind und Kegel dorthin gezogen. Er hat auch einen Apfelgarten dort angelegt. So habe ich das erste Mal in der Türkei gesehen, daß die Freiheit zumindest als Name in ein Dorf eingezogen ist. Ich glaube auch dies reicht, damit ich einst meine Augen in Ruhe schließen kann. . .

In Sarıatlı

Sarıatlı ist ein Aleviten-Dorf, 4 km von unserem Dorf Demirci entfernt. Geyral , das früher dazugehörte, hat seinen Namen in „Pınarbaşı" geändert und ist nun eine unabhängige Gemeinde. Wie in vielen der umliegenden Dörfer gibt es nun auch hier nicht mehr so viel Tezek (Kuhmistfladen) wie früher, und da der Sonnenblumenanbau zugenommen hat, sind die Pflanzenwurzeln an die Stelle des **Tezek** getreten.

An der Dorfschule sind 8 Lehrer und der Schulbetrieb läuft in zwei Schichten. Der Erzieher Rıza Katık, der in einem der Kurse am Dorfinstitut in İvriz ausgebildet worden war, hat hier viele Schüler ausgebildet. Nun gibt es viele Haupt- und Mittelschullehrer, die aus diesem Dorf stammen. Der Erzieher Rıza Katık hat als erster hier Birken und Apfelbäume gepflanzt. Jetzt planzen alle Bauern in der Gegend diese Sorten.

Im Dorf fand gerade eine Hochzeitsfeier statt. Nach alevitischem Brauch (Aleviten: islamische Religionsrichtung) wurden Tag und Nacht Festtafeln mit Wein gedeckt. Sie sagten, daß in diesem Dorf mit 250 Häusern jährlich 500 Faß Wein angesetzt werden. In jedem Haus gibt es mindestens 2 Fässer Wein. Im Mai geht der Wein dann aus und im Sommer wird wieder neuer angesetzt. Unter allen alevitischen Dörfern hat Sarıatlı einen besonders guten Ruf durch seinen Wein. Der Minister für das Monopol für Alkohol und Tabak in der Ecevit Regierung, Mahmut Türkmenoğlu, soll einmal nach Sarıatlı gekommen sein. Aus jedem Haus haben sie ihm einen Krug Wein angeboten.

Wie in allen alevitischen Dörfern herrschen auch hier noch die Gesetze der ‚Ältesten'. Aber nun haben sie langsam angefangen, sich gegen diese Regeln, die zu einer Art Ausbeutung führen, aufzulehnen. Einer der Lehrer, die aus diesem Dorf stammen, Muharrem Kaplan, beschreibt die neu erwachende Entwicklung folgendermaßen:

„Das ist eine Hegemonie. Hacı Bektaşı Veli hat seinen Glauben auf feste Grundsätze aufgebaut. Der Grundstein der Sekte stützt sich auf das Prinzip: „ Sei Herr deiner Hände, deiner Lenden, deiner Zunge."

In dieser Sekte ist das Betteln und alles umsonst genießen wollen, nicht erlaubt. Soziale Gerechtigkeit und soziale Solidarität sind vorgeschrieben. Die ‚Derviş' des Hacı Bektaşı Veli werden zu den Gläubigen geschickt und was sie von diesen sammeln und mitbringen, wird in der ‚Tekke' (Kloster) gekocht und an das Volk ausgeteilt. Hacı Bektaşı Veli selbst hat in dem heutigen Hacı Bektaşı Ochsen gehütet.

Heute versuchen sie die Sekte auszuhöhlen und abzuwerten. Die Ulusoys z.B. behaupten in der 20. Generation die Nachkommen des Hacı Bektaşı Veli zu sein und maßen sich an, den „Ältesten" Vorschriften zu machen. Das verschafft ihnen auch ungerechten Verdienst. Dabei sind es die „Ältesten", die die ganzen Arbeiten der Sekte führen. Und sie haben ein sehr kleines Einkommen. Meiner Meinung nach ist Hacı Bektaş Veli eine revolutionäre Person. Sein Leben lang hat er Achtung vor der Arbeit des Menschen gehabt. So gesehen ist das Verhalten der Ulusoys nicht mit den Grundsätzen der Sekte zu vereinbaren.

Einst habe in den Arbeitsraum des muhtar ein Telefon gestanden. Doch die Tochter des muhtar Ali Kaplan hatte über ein ausführliches Telefonat mit dem Bruder des muhtar in Çağal eine Beziehung angefangen. Daraufhin hatten die Bauern unter der Anführung des muhtar gemeinsam die Telefondrähte durchgeschnitten und die Telefonmasten umgeworfen. So wurde das Telefon unbrauchbar gemacht. Das passierte vor 10 Jahren. Auf diese Weise hatte das Telefongespräch mit Mehmet das einzige Telefon im ganzen Gebiet aus der Welt geschaffen.

Auf der anderen Seite des Platzes tanzten Männer und Frauen gemeinsam in Gruppen. Auch dies war eine typische Einstellung der Aleviten. Wenn man das alles sieht, fällt es einem schwer zu glauben, daß sie nur wegen eines Anrufes eine ganze Telefonanlage vernichteten.

Mit Hilfe der Entwicklungskooperative ist in dem Dorf eine kleine Konservenfabrik entstanden. Den ganzen Sommer lang tragen die Bauern ihr Gemüse dorthin und lassen es konservieren.

Die Dorfbewohner erzählen, daß früher hier tätige Lehrer in den ‚Verein der Nationalisten' eingetreten sind, und daß sie, wenn sie danach gefragt wurden, antworteten: „Was soll ich machen. . . Ich bin ein Mensch ohne jegliche Sicherheiten. . ." „Jetzt haben wir einen neuen Beruf. Den Beruf derer, die im Leben keine Sicherheiten haben: Nationalist . . ."

Früher herrschten in den nicht alevitischen Dörfern starke Vorurteile gegen die Bevölkerung von Sarıatlı. Die Bewohner von Demirci sagten: „Die Turkmenen werden uns erstechen. . ." Die kurdischen Einwohner von Bebek waren auch der gleichen Ansicht.

Während Ahmet, der Sohn des Aziz aus Sarıatlı den Hochzeitskaffee ausschenkt, sagt er: „Nun sind kurdische, türkische und turkmenische Dörfer miteinander verschmolzen."

Wir verließen den Hochzeitssaal und den Tanzplatz und gingen in das Kaffeehaus des Sarımustafa am Rande des Dorfes. Im Kaffeehaus lagen die Tageszeitungen Cumhuriyet, Yeni Ortam und Milliyet aus. Ich erfuhr, daß die Zeitungen täglich geliefert werden. Die Bauern lasen.
An der Wand hing eine Karte der Türkei mit den Bildern Atatürks und Ecevits und darunter stand:
„Die Heimat ist euch zu Dank verpflichtet."
Außerdem hing an der einen Wand ein Bild von Mahzuni Şerif (einem bekannten Volksdichter) und an der anderen eins von Yılmaz Güney (Schauspieler, Regisseur und Schriftsteller) . . .
An der vierten Wand hingen der Reihe nach die Bilder von Atatürk, Gürsel und Ecevit. . .

„Dieses System wird sich ändern." sagte der Kaffeehausbesitzer Sarımustafa.
„Alles wird er uns bringen. . . Ecevit wird es bringen. . ."
„Was wird er uns bringen?"
„Eben alles wird er uns bringen."
„. . . . .?"

Mit fünfzig Jahren

Nun sind also 50 Jahre vergangen

Am achten September bin ich aus Istanbul abgefahren, am elften September habe ich die deutsche Grenze passiert. Am ersten Morgen, den ich in Nürnberg verbrachte, hieß es, die Regierung in der Türkei sei gestürzt worden. Fünf Tage hielt ich mich noch in Nürnberg auf. Am 17. September kam ich dann in Berlin an. Berlin ist die deutsche Stadt mit der höchsten türkischen Einwohnerzahl. Manche sagen, daß die Zahl der Türken in dieser Stadt über hunderttausend sei, andere sagen, daß sie über zweihunderttausend sei. Sicher ist nur, daß es nicht weniger als hundertfünfzigtausend sind. Wenn man in dem Telefonbuch blättert, hat man fast Schwierigkeiten, einen deutschen Namen zu finden. . .

Das Wetter war sehr gut im September und Oktober. Es gab viele sonnige Tage, an denen man die Jacken zu Hause lassen konnte. An diesen schönen Tagen habe ich zwei kurze Reisen nach Westdeutschland unternommen. Das eine Mal bin ich nach Bremen gereist. Wenn man den Namen Bremen hört, fallen einem sofort die Bremer Stadtmusikanten ein. Diese Geschichte stand in unseren Grundschulbüchern. Ich dachte aber immer, es seien sieben Musikanten gewesen. Vier waren es also in Wirklichkeit: Esel, Katze, Hund und Hahn. Ich hielt dort an der Uni eine Vorlesung über das Thema ‚Die Schul- und Lehrersituation in Anatolien' und gewann einen Freund, Klaus Liebe-Harkort; bin dann wieder zurückgefahren.

Haben wir unsere Zelte jetzt hier aufgeschlagen?

Als ich nach Duisburg reiste, war das Wetter wieder schön und sonnig. Ich fuhr dahin, um an der Jahresversammlung der 'Halcı Devri İşciler' teilzunehmen. Und wen sehe ich dort: Fakir Baykurt, Dursun Akçam, Ömer Polat. . ., den Dichter Murat Arıburnu, den Filmemacher Korhan, den Theaterschauspieler Mete Özcü und auch Hakkı Keskin, der im Zusammenhang mit seiner Ausbürgerung bekannt geworden ist. . . sie alle sind da.

Der Dichter Gültekin Emre, der Schriftsteller Güney Dal, der Theaterautor Vasıf Öngören, die Schauspieler Meral Taygun, Ayla Algan, Tuncel Kurtiz, Kerim Avşar. . . und noch andere; wenn ich noch an all' die anderen, die in Berlin leben, dachte, fiel mir unwillkürlich der Satz in einer Geschichte von Nasreddin Hoca wieder ein: „ Haben wir vielleicht alle unsere Zelte jetzt hier aufgeschlagen?" Sogar Öztürk Serengil hatte hier einen Laden eröffnet. . .

Lesungen

In der zweiten Dezemberwoche kamen Aziz Nesin, Çetin Altan, Aysel Özakın, İlhan Berk, Demir Özlü, Tomris Uyar und Ferit Edgü nach Berlin. Den Lesungen, wo sie aus ihren Werken vortrugen, schlossen sich auch welche, die schon länger in Deutschland lebten, an: Vasıf Öngören, Fakir Baykurt und ich. . . Es gab geradezu einen Sturm auf diese Lesungen, die statt in großen Räumen in kleinen Bibliotheken und Buchhandlungen abgehalten wurden. Die türkischen und deutschen Zuhörer fanden keine Sitzplätze mehr und standen auf der Straße. Daß die Organisatoren dieser Lesungen davon ausgingen, daß der Ansturm der Interessierten nicht so groß sein würde, erstaunte alle. Das Ergebnis sah ganz anders aus. . .

Dorf Institute

Türken aus verschiedenen Fraktionen und auch einige deutsche Lehrer stellten während dieser Vorlesungen ständig Fragen über die Dorfinstitute. Ich habe zwar nicht ganz verstanden, warum sie diesem Thema solch' großes Interesse beimaßen, war aber froh darüber. Ich dachte nur, daß an einer Institution etwas dran sein müsse, die sogar ein halbes Jahrhundert nach ihrer Schließung noch – oder wieder – auf solches Interesse stößt. Aus diesem Grunde habe ich eine kurze Zusammenfassung zu diesem Thema gemacht. Tatsache ist, daß man auch in der Türkei nicht viel über die Dorfinstitute weiß. Diejenigen, die ohne etwas zu wissen, immer groß rumzureden pflegen, werden Unglaubliches über diese Institution erzählen, weil dort Mädchen und Jungen gemeinsam erzogen wurden, und weil zum Unterricht praktische Arbeit gehörte. Sie werden nicht zögern, entgegen den Naturgesetzen die Kinder in den tiefsten Dreck zu ziehen. . . Aber die Befreiung der Türkei aus dem Elend und Unwissenheit wird über die Bildung von dorfinstitutsähnlichen Erziehungsanstalten und die Schaffung des neuen Menschen realisiert werden, wie wir seit 35 Jahren immer wieder zu erklären versuchen.

Fünfzig Jahre vergeudet – das hat nichts mit Schicksal zu tun

Nach all den Jahren, in denen ich scheinbar als Beamter tätig war (ich sage scheinbar, da ich wegen der vielen Versetzungen kaum die Gelegenheit bekommen habe, wirklich zu arbeiten) stand ich immer noch auf der sechsten Stufe der Besoldungsliste, während meine gleichaltrigen Kollegen zur ersten Stufe aufgestiegen waren. Meine Kündigung hatte ich am 3.7. 1980 an den Kultusminister Cihat Baban weitergeleitet. Ende 1980 wurde meine Kündigung angenommen. Ich war von meiner Stelle als Kulturberater am Kultusministerium in Ankara, wo ich ein Monatsgehalt von 8.400 TL bekam, als stellvertretender Leiter der Bibliothek nach Muğla verbannt worden. 2.500 TL bekam ich noch für die Reise- und Umzugskosten. Dabei war es für einen Beamten kaum möglich, für weniger als 100.000 TL seinen Umzug zu finanzieren. Ich kann mich nicht erinnern, daß ein Parlamentarier des heute aufgelösten Parlaments damals irgendeinen Vorschlag zur Erhöhung der Reisekostenzuschläge für Beamte im Parlament eingereicht hätte. Ja, nach all' diesen Jahren, in denen ich der Form nach als Beamter tätig gewesen bin, arbeite ich nun als Lehrer in Berlin.

Weil die Befreiung der Nationen über die Erziehungsinstitutionen läuft, und die ganze Sache von den Eigenschaften und dem Verhalten der Zöglinge abhängig ist, und da die Dorfinstitute in jeder Hinsicht das beste Beispiel für solch' eine Institution sind, möchte ich in diesen Tagen, da es darum geht, dem Erziehungswesen der Türkei eine neue Form zu geben, den oben erwähnten Beitrag über die Dorfinstitute wiedergeben. Auf diese Art feiere ich mein 50. Lebensjahr in Erinnerung an das Dorfinstitut, das ich besuchte, und an das Erziehungswesen, dem ich mein ganzes Leben gewidmet habe.

Orte und Namen

Dorfinstitute wurden in 21 Orten gegründet. Alle Dorfinstitute, die außerhalb der Städte errichtet wurden, nahmen Schüler aus den drei umliegenden Provinzen auf. In folgenden Provinzen wurden Institute errichtet:
Ankara-Hasanoğlan, Eskışehir-Çifteler, İzmir-Kızılçulluk, Konya-İvriz, Kayseri-Pazarören, Trabzon-Beşikdüzü, Malatya-Ak-çadağ, Van-Ernis, Adana-Düziçi, Antalya-Aksu, Balıkesir-Savaştepe, Kırklareli-Kepirtepe, Sakarya-Arifiye, Aydın-Ortaklar, Isparta-Gönen, Kastamonu-Gölköy, Samsun-Akpınar, Sivas-Yıldızeli, Kars-Cılavuz, Diyarbakır-Dicle, Erzurum-Pulur.

Die Situation in den ersten Jahren

1935, zehn Jahre nach der Gründung der Republik, sind 85% der Bevölkerung Bauern. Die Masse ist ungebildet. Auf Atatürk's Erlaß hin wurde die damalige Lage vor Ort untersucht. Es wurde nach Wegen für das Erwachen und der wahren Befreiung gesucht. 1935 konnten 14% der Gesamtbevölkerung lesen und schreiben. 1.920.000 Kinder aus den dörflichen Gebieten sind im schulpflichtigen Alter. Davon können nur 347.000 beschult werden... In 35.067 von 40.000 Dörfern gibt es keine Schulen. 16.000 Dörfer haben eine Einwohnerzahl von weniger als 150 Einwohnern. Weitere 16.000 Dörfer haben eine Einwohnerzahl zwischen 150 und 400. 8.000 Dörfer haben mehr Einwohner. Zur Zeit ist die Zahl der in den Städten arbeitenden Lehrer 8.099, die Zahl derer in den Dörfern 6.859. Der Bedarf an Lehrkräften ist in den Städten zu 75% und auf den Dörfern zu 15% gedeckt. Zur ersten Etappe sind 38.000 weitere Lehrer für die Dörfer nötig...

Dorfinstitute sind eine Erfindung der Türken

Auf der Suche nach den Wegen der Rettung wurden die Dorfinstitute ins Leben gerufen. In den Jahren 1936 bis 1946 wurden in einer Phase von beschleunigter Arbeit für die Bildungskurse der Lehrkräfte und für die Verpflegung der Dorfinstitute 45.099.041 TL ausgegeben. Weitere 5.627.939 TL wurden als Gehalt an Lehrkräfte und Beamte ausgezahlt. Die Institute wurden für insgesamt 51 Millionen TL gegründet und weitergeführt. Das Geheimnis (dieser Sache) lag darin, daß auf den Feldern der Institute Weizen, der auf dem Markt 120 kuruş kostete, für 5 kuruş produziert werden konnte. Fleisch, Milch, Gemüse stammten aus eigener Produktion. Die Kleidung der Schüler wurde von den Schülerinnen selbst genäht. Tische, Stühle, Türen, Fensterrahmen, die gesamten Schulgebäude wurden von den Schülern selbst gebaut... Die Fächer, die unterrichtet wurden, kann man in drei Gruppen einteilen:
Kultur und Allgemeines Wissen: Türkisch, Geschichte, Erdkunde, Staatsbürgerkunde, Mathematik, Physik, Chemie, Naturkunde, Gesundheit, Fremdsprache, Schreiben, Kunst-Werken, Sport, Musik, Militärkunde, Hauswirtschaft, Kinderpflege, Lehrerausbildung, Agrarwirtschaft, Genossenschaftswesen: in jeder Klasse 22 Stunden pro Woche.

Landwirtschaftliche Fächer: Gartenbau, Anbau industriell verwendeter Pflanzen und Landwirtschaftsindustrie, Tierkunde und -aufzucht, Nesttiere, Bienenzucht und Seidenraupenzucht, Fischerei und Meereskunde: in jeder Klasse 11 Stunden pro Woche.

Technische Fächer und Praxis: Schmiede (Verarbeitung in kaltem und warmen Zustand, Hufschmiederei, Motorbau), Tischlern, Mauern, Bau (Beton- und Schreinerarbeiten), Textil (Nähen, Stricken und Weben), landwirtschaftliche Fächer. Diese Fächer werden als Wahlfächer und zur Arbeitsteilung 11 Stunden pro Woche angeboten. Heute wird vorgeschlagen, die Fächer Landwirtschaft, Musik, Kunst, also Fächer, die praktische Arbeit beinhalten und Möglichkeiten zum Ausdruck bieten, aus dem Lehrplan zu streichen.

Die Grundsätze der Dorfinstitute:

Eingliederung in die Umwelt, die Natur, Selbstverwaltung, Autonomie durch eigenständige Arbeit. . .

Die Methoden:
Errichtung der Institute außerhalb der Städte, Bildung entsprechend den Bedürfnissen des Dorfes, „Vom Dorf, für das Dorf!", Lernen in der Praxis, demokratische Erziehung, Zusammenarbeit. . .
In den Dorfinstituten wurden 8.756 Lehrer ausgebildet. In 7.090 von den insgesamt 16.000 Dörfern, in denen die Schülerzahl um 20 betrug, haben diese Ausbilder gearbeitet. In dem Schuljahr 1946/47 wurden an den von diesen Ausbildern geleiteten Schulen 221.512 Schüler beschult. . .
Die ersten Absolventen:
Sie beendeten ihre Ausbildung im Schuljahr 1942/43. In den acht Jahren zwischen 1938 und 1946 wurden 17.321 Lehrer ausgebildet. In dieser Zeit wurden in 7.953 Dörfern neue Schulen gegründet. Die Zahl der Schüler an den Dorfschulen stieg von 380.238 auf 1.148.521. 521 Gesundheitsbeamte wurden

ausgebildet und versorgten dann 7.300 Dörfer. Diese Dörfer wurden nun auf Trachom, Syphilis, Malaria und andere Krankheiten hin untersucht und gezielte Maßnahmen zur Eindämmung dieser Krankheiten ergriffen. Außerdem wurden etwa gleich viele Hebammen für den Einsatz in den Dörfern ausgebildet.

Die Dörfer gestern und heute

Tonguç, der Gründer der Dorfinstitute und Mitglied der Kommission Erforschung der Dörfer, beschrieb das Hauptziel der Dorfinstitute in seinem Buch folgendermaßen:
Das Problem ist, daß die Entwicklung in den Dörfern nicht automatisch und mechanisch vor sich gehen kann, wie manche es annehmen, sondern nur durch eine innere, sinnvolle und bewußte Belebung. Der Dorfmensch muß so weit aufgerüttelt und zum Bewußtsein erweckt werden, daß niemand ihn übervorteilen und unerbittlich ausbeuten kann. Niemand soll die Dorfbewohner wie Diener oder Sklaven behandeln können. Die Bauern sollen nicht zu stumpfsinnigen und unentgeltlich arbeitenden Arbeitstieren werden. Das ist das Problem, vor dem die Dörfer stehen und das zu lösen Aufgabe der Pädagogen ist. Nun, nach 35 Jahren, könnte man die Situation in den Dörfern durch zwei Beispiele verdeutlichen. Die momentane Situation zweier Dörfer in der Nähe meines Dorfes ist folgendermaßen:

Bozcayurt (Mandama): 113 Häuser, 648 Einwohner, 1.500 m über dem Meeresspiegel. 89 Schüler, davon 23 Mädchen und 66 Jungen. 2 Lehrer. Die Moschee ist 100 Jahre alt. Ein Arbeiter, der in Deutschland arbeitet, hat eine neue erbauen lassen. Der Imam kommt aus einem anderen Dorf. Er nimmt 140 Eimer Weizen von den Dorfbewohnern. Das einzige Problem ist nun, für den Imam eine staatlich finanzierte Stelle einzurichten. . . Es gibt im Dorf 50 Kühe, 20 Bullen, 4 Pferde, 50 Esel, 700 Schafe, 300 Ziegen und 200 Hühner. Es gibt keine Getreidemühle, keine Bäckerei, kein fließendes Wasser, keinen Strom, keinen Traktor, keine Hebamme, kein öffentliches Badehaus. Es gibt einen Pferdewagen, 10 Holzpflüge, 20 Metallpflüge, 3 Läden und ein Kaffeehaus.

Gaziemir: 64 Häuser, 464 Einwohner. Kein Strom, kein Telefon, kein Metzger, kein Schmied, keine Mühle, keine Hebamme, keinen Truthahn, keine Taube, keine Moschee, kein Imam. 300 Hühner gibt es. Eine einklassige Schule. Einen großen Friedhof. Bei den letzten Wahlen hat die MSP die meisten Stimmen bekommen. Der Kaymakam (Bezirksbürgermeister) möchte auf den Friedhof eine Moschee bauen lassen und schreibt an die Zuständigen, daß dies das größte Problem des Dorfes sei. . . Das meist diskutierte Thema im Dorf ist die Frage, ob im Parlamentsgebäude in Ankara auf den Toiletten gewöhnliche Handtücher oder Papierhandtücher hängen. Ein Abgeordneter hatte nämlich zwei Leute aus dem Dorf nach Ankara zum Essen eingeladen. Sie konnten nicht genau feststellen, womit sie sich die Hände abgetrocknet hatten. . . Jetzt nützt es auch nichts mehr, daß es eine Schule gibt. Sie steht da wie ein wertloses Schmuckstück. Die einzige Verbindung nach Ankara sind die gelegentlichen Besuche der Bauern im Parlament und alle 4 Jahre die Besuche der Parlamentarier vor den Wahlen. . .

Zwei verschiedene Lehrertypen

Bis vor kurzem gab es zwei Arten von Lehrerschulen. Diejenigen, die in Stadtzentren gegründet waren, nahmen ihre Schüler nach Abschluß der Mittelschule auf und vermitteln ihnen eine dem Gymnasium ebenbürtige Ausbildung. Diese Lehrer wurden meistens in den Städten eingesetzt. Der zweite Ausbildungsweg ging über die Lehrerschulen, die ihre Schüler schon nach 4 Jahren Grundschule aufnahmen und sie wieder der Gymnasiumsausbildung ebenbürtig 5 bis 6 Jahre lang ausbilden. Das waren die früheren Dorfinstitute. Es gibt etwa 50 von ihnen. Vor 7 Jahren wurde die Ausbildung der Lehrer abermals verändert. Diese Schulen nennen sich nun „Erziehungsinstitute". Aus manchen wurden auch Gymnasien, die Lehrer ausbilden, gemacht. Die Absolventen der Lehrer-Gymnasien können nicht Lehrer werden, bevor sie einen Abschluß der „Erziehungs-Institute" erreicht haben. Zwar wurde die Ausbildungszeit verlängert, doch sank gleichzeitig das Niveau der Ausbildung. Das Fernstudium wurde eingeführt und der Lehrerberuf verlor an Ansehen. Außerdem haben sie jeden beliebigen aufgenommen und dann in 2 Monaten die Ausbildung von 3 Jahren zusammengefaßt und den Schülern ihren Abschluß gegeben. Jetzt gibt es etwa 100.000 Lehrer zuviel. Lassen wir den Dichter und Lehrer Hasan Turan die qualitative Veränderung schildern: „Einige unserer Schüler aus dem Dorf wurden auf die ‚Lehrerschule' in Düziç aufgenommen. Als sie am „Fest der Republik" in den schulfreien Tagen ins Dorf kamen, habe ich mich geekelt: Jedem von ihnen hatten sie eine Wolfsplakette gegeben, damit sie sie sich um den Hals hängen. Sie hatten gesagt, daß sie den, der diesen Anhänger verliert, aus der Schule ausweisen würden. Die älteren Schüler befahlen ihnen während der Hausarbeitsstunden, die Bücher zu schließen und ihren Geschichten vom Grauen Wolf und von Ergenekon (Name des mystischen Ursprungsortes der Türken) zuzuhören. Die Kinder sind unzufrieden. Wir haben das alles erfahren. Als einer von ihnen sagte: laßt uns doch etwas lernen, warfen sie ihn zu Boden und traten ihn mit Füßen. Um auf das Lesen, Denken und die Ausbildung zu kommen: Kazım Karabekir sagte bei der Schließung der Dorfinstitute: „Wir hörten, daß sie euch fremde Schriftsteller lesen lassen". Ministerpräsident Demirel sagt nun: „Lest nicht Yaşar Kemal, sondern Hasan Paşa"... Es gibt keinen Schriftsteller namens Hasan Paşa...

Die mittlere technische Ausbildung

Momentan hat das Erziehungsministerium keinen Plan, wieviele Menschen auf welchen Gebieten und in welchen Branchen der Situation des Landes angemessen und dem Lichte der Wissenschaft entsprechend ausgebildet werden sollten. Zur Zeit werden in den Dörfern klassische Mittelschulen eröffnet, mit dem Stempel und einem Direktor ausgerüstet. 1945 waren eine Vielzahl „Mittlerer Werkschulen für Jungen" gegründet worden. Diese Schulen vermittelten neben Allgemeinbildung auch eine berufsspezifische Ausbildung. Später wurden sie aufgelöst. Ebenfalls in diesen Jahren wurden „Mittelschulen mit verschiedenen Schwerpunkten" errichtet. Sie wurden erprobt und 1950 ebenfalls aufgelöst. Diese „Mittelschulen mit verschiedenen Schwerpunkten" waren die Mittelschulen der Zukunft, die die klassische Mittelschule, die Werkschule für Jungen, Werkschule für Mädchen und die kaufmännische Mittelschule unter einem Dach vereinte. Ihr Programm war zeitgemäß. Das Lehrprogramm beinhaltete verschiedene Schwerpunkte. Allgemeine Ausbildung entsprechend der klassischen Mittelschule, technische Fächer, Haushalt, Handel, Landwirtschaft, Bau. . . An den mittleren technischen Schulen, die Tages- und Abendkurse anbieten, wird der Unterricht durch anschauliche Praxis gestaltet. Die Ausstattung ist unzureichend oder fehlt manchmal vollkommen. Dabei dürften technische Schulen der Landwirtschaft wegen und weil die Bevölkerung immer stärker in den Bereich der Industrie rückt, als deren wichtigste Ausbildungsstätten nicht vernachlässigt werden. Das Interesse und die Begabungen der Schüler müssen verwertet werden, sie müssen in verschiedenen Branchen ausgebildet und auf einen Beruf vorbereitet werden. Außerdem müßten, den speziellen Anforderungen der Türkei entsprechend, neben Schmiedehandwerk, Tischlerei und einigen anderen notwendigen Handwerkszweigen auch Boot- und Motorbau, Fischnetzweben, Fischkonservierung, Fruchtkonservierung, Textilweberei, Teppichweben. . . und andere Fächer geschaffen werden. Die technische Ausbildung in der Türkei muß unter diesem Aspekt nochmals überarbeitet werden und sich wie in Europa auf nach wissenschaftlichen Erkenntnissen ausgearbeitete Pläne und Programme stützen. Die Labors und das andere Unterrichtsmaterial müssen auf ein den Bedürfnissen angemessenes Niveau gebracht werden...

Die klassische Haupt- und Mittelschule

Zur Zeit gibt es in der Türkei 43.719 Hauptschulen mit 180.848 Lehrern und 5.383.711 Schülern. In 2.703 Dörfern gibt es keine Schulen. Es gibt zwar genügend Lehrer, doch fehlt es an Klassenräumen. Nur wenige Schulen können einen normalen Lehrplan durchführen. Die meisten müssen in zwei, drei oder vier Schichten unterrichten. Nach Ansicht der Hauptschulleiter ist der Einfluß der in Deutschland arbeitenden Arbeiter auf die Zahl der Schülerinnen in den Dörfern sehr groß. Es gibt Bemühungen, die praktischen Fächer an den Hauptschulen zu vermehren, die Beziehungen zu beleben und die Schulzeit auf 8 Jahre zu erweitern. Auf diese Weise werden die Hauptschulen mit den Mittelschulen verschmelzen...

An den Haupt- und Mittelschulen müssen die Schüler die Lehrbücher selbst beschaffen. Die Bücher werden von privaten Verlagen gedruckt. Es dürften etwa 15 Bücher sein mit einer Gesamtauflage von 60 Millionen. Doch werden sie meistens nicht rechtzeitig fertiggestellt wegen der Knappheit des Druckpapiers. Die Bücher sind sehr teuer. Da außerdem jede Schule andere Bücher benutzt, können in den Familien jüngere Geschwister die Bücher ihrer älteren kaum weiterbenutzen. Es ist unbedingt notwendig, daß der Staat einheitlich bearbeitete, billige Bücher druckt... 1.5 Millionen Kinder können immer noch nicht beschult werden. Der 16. Paragraph des 4. 274. Gesetzes ist durch das 222. Gesetz ersetzt worden. Der § 16 besagte, daß Eltern Gefängnis droht, wenn sie ihre Kinder nicht zur Schule schicken. Gesetz 222 hebt die Strafandrohung auf. Die Schulpflicht ist also gelockert worden... Nach den Ereignissen des 27. Mai wurde das 222. Gesetz eingeführt und die Änderungen beschränkten sich auf die Änderung des Namens der „Hauptschuldirektionen" in „Hauptschullehrämter"...

Andererseits besuchen etwa 1 Million der nicht beschulten Kinder Korankurse. Es gibt kein Dorf und keinen Stadtteil, in dem es keinen Korankurs gibt. . . 34% der Kinder im Mittelschulalter besuchen diese Kurse. Der Besuch ist freiwillig.

Ende des Schuljahres 1979/80 wurde beschlossen, die gemischten Schulen aufzulösen, vor allem einige in Istanbul. Schüler auf den Mädchenschulen wurden in Jungenschulen umgeschult. In diesen Tagen ist die Versetzungsordnung geändert worden. In drei Fächern ist es möglich eine Nachprüfung zu machen, wer diese bis zum September nicht besteht, wird nicht versetzt. . .

Die Zwangsversetzung der Lehrer

1969/70 wurden 2.000, 1975/76 in 15 Monaten 6.000 Lehrer zwangsversetzt. Die „Abschiebung" nahm auch die Form von Kündigungen, Verletzungen und Morden an. 1979/80 wurden 100.000 Lehrer versetzt, beunruhigt und verunsichert. Dies Thema wird ausführlich behandelt in den Büchern "Zulum Makinası" und „Karangığı Zorlayanlar". Das ganze Ausbildungssystem ist vollkommen durcheinandergeraten. Als ein Lehrer in Malatya den Gouverneur der Stadt ohrfeigte, veröffentlichten die muhtar (Vorsteher) aller Dörfer aus 5 Gemeinden eine öffentliche Erklärung: „Fürchtet euch nicht vor den Ohrfeigen der Gouverneure und der Abschiebung, fürchtet euch vor der Ohrfeige des Volkes. Entfernt euch nicht vom Volke. Die Ohrfeige des Volkes kommt spät, wird aber sehr schmerzvoll sein." Auch als Lehrer in Mersin festgenommen wurden, da sie gemeinsam aus der „Bursa-Rede" Atatürk's vorgelesen hatten, stand das Volk hinter ihnen und protestierte. In İzmir wurden Versammlungen veranstaltet, um den Zwangsversetzungen ein Ende zu gebieten. Auf der Protestversammlung, gegen die Versetzungen in Manisa vom 7.12.1975 sagte ein Sprecher des Volkes: „Wir haben die Steine und den Sand für unsere Schulen angeschleppt. Wir haben das Geld dafür gesammelt. Damit Unterrichtsmaterial beschafft werden konnte, haben wir uns das Geld vom Munde abgespart. Das Erziehungsministerium versetzt die Lehrer, dle slch im Winter, in der Kälte, bestens um unsere Kinder gekümmert haben, und sie erziehen. Wollen die sich etwa über uns lustig machen? Wer soll unsere Kinder ausbilden? Wo steht geschrieben, daß die Familien der Lehrer auseinandergerissen werden dürfen? Der eine hierhin, die andere dorthin. Können die neunmalklugen Geistlichen diese Fragen beantworten? Wir haben seit Jahren kein Vergehen der Lehrer feststellen können. Wie wollt ihr das rausgefunden haben? Wenn ihre Schuld ist, keine Wolfsplaketten an ihrem Revers zu tragen, sondern Atatürkplaketten, dann sind wir alle schuldig. . ."

Einige Beispiele von lächerlichen Fragen, die vor den Versetzungen den Lehrern gestellt wurden:
„Warum hast du im Englischunterricht den Satz: ‚Ein amerikanisches Flugzeug stürzt über dem Schwarzen Meer ab', an die Tafel geschrieben?" (Frage an Hasan Kıyafet)
„Du sollst gesagt haben, daß der Preis für weiße Bohnen gestiegen sei." (an Zeki Çakar)
„Du sollst den Kindern in der Ramadanzeit Tee bestellt haben" (an Mustafa Koç)
„Du sollst gesagt haben: die Dickbäuche haben die Schließung der Dorfinstitute veranlaßt. . . Meintest du damit etwa die Parlamentarier?" (an Mustafa Koç)
„Hast du einen Glauben" (an Mehmet Koç)
„Du sollst gesagt haben: es wäre besser, wenn wir unser eigenes Rohöl fördern würden. . ." (an Ilhan Alkan)
„Warum hast du das Lehrerzimmer verlassen, als über den türkischen Ringkampf gesprochen wurde?" (an Mustafa Baydar)
„Warum hast du den Kindern das Buch ‚Die Ruinen' von Volvey aus der Schulbibliothek empfohlen?" (an Mustafa Özer)
„Warum hast du den Ausdruck ‚realistische Literatur' benutzt, als du Dramaturgie lehrtest? Warum hast du Stücke aus der

zeitgenössischen Literatur genommen?" (an Mustafa Gürses)
„Warum hast du gesagt, du gingest nicht gerne in die Moschee und hast versucht eine Kooperative zu gründen, die die Bauern vereinigt?" (an Hasan Basri Aydın)
„Warum versucht ihr eure Ansichten in Zeitungsartikeln zu veröffentlichen?" (an Adil Gülvahap)
„Warum hast du gesagt, es gäbe Agas im Osten?" (an Nazım Bayata)

Schüler und Lehrer

An Haupt- und Mittelschulen sowie an Gymnasien wird nur auswendig gelernt. Die Schüler sind nach Abschluß dieser Schulen vollkommen untauglich für das Leben. Es gibt fast keinen Unterschied zwischen jenen, die noch nie eine Schule besucht haben und den Hauptschulabsolventen. Nur 40.000 der 500.000 Abiturienten, die sich vor den Toren der Universität drängeln, werden in eine Hochschule oder Universität aufgenommen. Aber auch wenn sie studieren, ist ihr Diplom nichts wert. Ebenso ist kein Unterschied zwischen den Dörfern, die eine Schule haben, und solchen ohne Schulen. Momentan verdienen die Lehrer 7.000 TL im Monat. Das reicht zu nichts. In der Freizeit, die ihnen bleibt, versuchen sie als Immobilienmakler, Straßenverkäufer oder als Verkäufer in Teppichläden noch einmal so viel Geld dazu zu verdienen. Sie haben kein Geld, um sich Bücher zu kaufen und keine Zeit, sie zu lesen. Die Lehrer wohnen nicht mehr wie früher in den Dörfern. Sammeltaxis bringen sie jeden Morgen hin und holen sie am Nachmittag wieder ab in die Stadt.

Kulturelle Institutionen

Bisher haben wir versucht, eine Übersicht über das Ausbildungssystem wiederzugeben. Werfen wir jetzt noch einen kurzen Blick auf die Kulturinstitutionen.

62% der Bevölkerung ist alphabetisiert. Es gibt 623 Bibliotheken. In 261 Gemeinden gibt es keine Bibliothek. Auf eine Bibliothek entfallen 64.763 Personen. Am Schwarzen Meer kommt auf 100.000 Personen und in Süd-Ost-Anatolien auf ca. 210.000 Personen eine Bibliothek. In allen Bibliotheken zusammen sind 4.980.021 Bücher. Durchschnittlich entfallen auf 8 Personen ein Buch. In Süd-Ost-Anatolien auf 18 Personen ein Buch, im Osten auf 13 Personen. In drei Großstädten gibt es drei Symphonieorchester. In zwei Großstädten gibt es eine Oper und ein Ballett. 1979 besuchten 58.121 Zuschauer die Oper und das Ballett. 301.720 Personen besuchten die Konzerte. Die staatlichen Theater haben 9, die Stadttheater 7 und die privaten Theater 11 Bühnen. Insgesamt also 27. 1979 besuchten 58.080 Personen die Theater, also etwa 1% der Bevölkerung.

Weitere Veröffentlichungen in der Reihe Autoren*EXpress*

Kemal Kurt
Bilder einer Kindheit
– Erzählung –
120 Seiten, ISBN 3-88548-499-4

Kemal Kurt
Scheingedichte
– Gedichte –
96 Seiten, ISBN 3-88548-498-6

Levent Aktoprak
Ein Stein, der blühen kann
– Gedichte –
96 Seiten, ISBN 3-88548-352-1

Hasan Dewran
Entlang des Euphrat
– Gedichte –
a.d. Tk. v. Claudia Schöning-Kalender
98 Seiten, ISBN 3-88548-072-7

Edgar Plata
Kolibri
– Gedichte –
96 Seiten, ISBN 3-88548-497-8

Orhon Murat Arıburnu
Dieses Herz gehört euch!
– Gedichte –
a.d. Tk. v. Anke v. Kügelgen
96 Seiten, ISBN 3-88548-053-0

Katharina Billich
Die Tür zum Hof
– Erzählungen –
120 Seiten, ISBN 3-88548-405-6

Dragan Čuturić
Zerrissenes Leben
– Erzählungen –
121 Seiten, ISBN 3-88548-068-9

Dragan Čuturić
Noch eine Liebe
– Erzählungen –
110 Seiten, ISBN 3-88548-382-3

Hüday Ülker
Meyhane
– Zwei Erzählungen –
a.d. Tk. v. Abdülkadir Haas
110 Seiten, ISBN 3-88548-364-5

Osman Engin
Deutschling
– Satiren –
120 Seiten, ISBN 3-88548-363-7

Haldun Taner
Lachend sterben
– Erzählungen –
a.d. Tk. v. Cornelius Bischoff, Gisela Kraft
– Erzählungen –
96 Seiten, ISBN 3-88548-067-0

**EXpress Edition GmbH, Ritterstr. 60 b,
1000 Berlin 61, Tel.: 030/251 11 36**